英国大角星百科丛书

化学
情境大百科

Encyclopedia of Chemistry

【英】珍妮特·宾厄姆 编著 韩鑫桐 译

华东理工大学出版社
EAST CHINA UNIVERSITY OF SCIENCE AND TECHNOLOGY PRESS

·上海·

图书在版编目（CIP）数据

化学情境大百科 /（英）珍妮特·宾厄姆编著；韩
鑫桐译. — 上海：华东理工大学出版社，2024.6.
（英国大角星百科丛书）. — ISBN 978-7-5628-7522-2

Ⅰ. O6-49

中国国家版本馆CIP数据核字第2024SS0726号

书名原文：Children's Encyclopedia of Chemistry

Copyright © Arcturus Holdings Limited

www.arcturuspublishing.com

All the credits to illustrations in this book can be found in original Arcturus' edition.

这本书中所有插图的版权信息见原版图书。

著作权合同登记号：09-2024-0239

项目统筹 / 郭　艳　王　祎　郭晗铃

责任编辑 / 王　祎　赵子艳

责任校对 / 石　曼

装帧设计 / 居慧娜

出版发行 / 华东理工大学出版社有限公司

地址：上海市梅陇路 130 号，200237

电话：021－64250306

网址：www.ecustpress.cn

邮箱：zongbianban@ecustpress.cn

印　　刷 / 上海雅昌艺术印刷有限公司

开　　本 / 889 mm × 1194 mm　1/16

印　　张 / 8

字　　数 / 180 千字

版　　次 / 2024 年 6 月第 1 版

印　　次 / 2024 年 6 月第 1 次

定　　价 / 80.00 元

Contents
目录

引言

化学是一门研究物质的组成、结构、性质以及变化规律的自然科学。通过学习化学，我们可以深入认识周围环境中的各种物质，无论是岩石、水等自然界中天然存在的物质，还是塑料、玻璃等人造材料。同时，它也可以帮助我们了解生命体，包括我们自己身体内存在的物质。世界上的任何一种物质都遵循科学规律。通过学习化学，我们可以揭开物质的神秘面纱，发现它们隐藏的秘密。不管是在实验室里还是在日常生活中，我们都可以运用化学知识去认识、理解和改变世界。下面就让我们一起跟随这本书走进化学的奇妙世界，去探索无限可能吧！

原子的体积非常小，我们用肉眼无法看到它们。令人惊奇的是，这些微小的原子是由比它们更小的粒子组成的。

化学无处不在，因此化学家有数不清的物质需要去研究。为了更好地研究这些物质及其性质，化学领域的不同分支分别专注于研究不同的物质。

原子与元素

宇宙中的万物都是由 118 种化学元素组成的。同种或不同种元素可以组成具有不同性质的物质。化学家们通过研究元素对应的原子的性质，来更加深入地理解元素。

物质的变化

化学之所以极具魅力，是因为物质能够发生各种各样的变化，例如长时间存放的铁会生锈，木材被点燃后会燃烧等。化学能够帮助我们了解这些变化发生的原因，化学家们通过各种研究已经揭示了众多物质变化背后的科学原理。

化学分析

化学家们有一个非常重要的职责，就是确定物质的组成和结构，这个过程通常被称为化学分析。在这个过程中，化学家们就像在破解谜团一样，通过各种实验一步步揭开物质组成的奥秘。

每种材料都有其特定的性质，例如不同物质的晶体具有不同的晶形。

化学合成

还有一些化学家们致力于探索新物质的合成，尤其是有机化合物，这个过程通常被称为化学合成。

碳原子和氢原子可以构成非常复杂的化学物质。

化学与生命

所有生物体都依靠体内成千上万种化学反应的进行来维持生命。这些化学反应为生命的活动和生长提供必需的能量和物质。

烟花表演是化学反应在生活中的一个实例，不同的化学物质在燃烧后会发出不同颜色的光芒。

物质的状态

物质一般以三种形式（"状态"或"相"）存在，即固态、液态和气态，物质一般都处于这三种状态中的一种。

海水是一种液体，想象一下，如果把一些海水倒进一个很大的水桶里，它会根据水桶的形状改变自己的形状，但不会填满整个水桶，仅占据水桶的一部分空间。

物质的性质

固体、液体和气体分别具有不同的性质。你可以握住一个固体，此时它的形状不会改变，液体会从指缝中流走，而气体根本不能被拿起来。

科学家将液体和气体统称为流体，它们能够流动，且会改变自身形状来适应容器的形状。形状和流动性都属于物质的性质，其他性质还包括质量（物体所含物质的多少）、体积（物体或物质所占的空间的大小）、密度（物体单位体积的质量）和可压缩性（流体在压力作用下体积发生变化的特性）。

油能浮在水上是因为水的密度比油的大，而蜂蜜的密度比水的大，所以蜂蜜沉在水下。利用这个原理，把不同密度且互不相溶的液体放在一个罐子里，静置一段时间后就可以看到分层的现象。

打气筒能够将空气充入桨板中。气体没有固定的体积，可以被压缩，而固体和液体不容易被压缩。

质量、体积和密度

质量一定时，固体或液体具有固定的体积和密度，即使装入容器中，它们的体积和密度仍是不变的，然而气体可以膨胀或被压缩。吹气球时，吹入气球的气体变成气球的形状，吹入的气体越多，气球内的压力就越大，当气球被吹爆时，逸出的气体就会流入空气中。以上过程中，气体的体积和密度一直在不断变化。

用来填充沙滩球的空气是气体，当空气被充入沙滩球时，它会扩散并填满沙滩球内部的空间。

沙子是固体。虽然沙子可以流入桶里，但是每一粒细小的沙子都是固体，它们的形状和大小是固定不变的。

固体的密度通常比液体的大，所以将固体放到液体中时，固体往往会沉到底部。液体的密度通常比气体的大，所以充有气体的容器往往可以漂浮在液体上。

铲子是固体，它的形状和大小保持不变，除非我们故意将它折弯或是弄坏。

你知道吗

大气压，即大气对浸在它里面的物体产生的压强，会随着海拔的增加而降低。这就是我们乘坐飞机时会产生耳鸣的原因，因为随着海拔的升高，机舱内的压强发生了变化。

粒子的特性

固体、液体和气体的性质各不相同。固体有固定的形状，液体可以流动，而气体则会朝各个方向扩散。如果把物质看作由微小的、肉眼不可见的小球或微观粒子组成，那么我们就可以理解产生这些现象的原因了。这些微观粒子的排列方式会影响物质的性质。

固体和液体中的粒子

在固体中，粒子紧密地排列在一起，它们不能到处移动或者离开原来的位置，所以固体有固定的形状和体积，且十分结实、难以压缩。在液体中，粒子比较紧密地排列在一起，因此液体也有固定的体积且难以压缩，但是它们并不是像固体一样整齐地排列着，而是可以滑动的，因此液体具有流动性且没有固定的形状。

球池中的海洋球就像液体中的粒子一样。它们聚集在一起，但可以相互滑动。它们通过滑动来适应球池的形状。

海洋球是由塑料制成的，塑料是一种固体，其内部的粒子紧密地排列在一起，所以海洋球有固定的形状和大小。

名人堂

约翰·道尔顿
John Dalton
1766—1844

道尔顿是原子学说的提出者。当时很多科学家都错误地认为所有的粒子（原子）都是相同的，而道尔顿却认为同一元素的原子都是相似的，但不同元素的原子是不同的。此外，道尔顿还提出了另一个重要的观点，他认为当物质发生化学反应时，其原子会重新排列组合，再结合成新的物质。

气体和扩散

气体粒子非常松散，它们之间的间距较大，这使得气体的密度很小且容易被压缩。同时，气体粒子具有足够多的能量，可以在空间内自由移动，这种现象被称为气体的扩散。气体没有确定的体积，它会一直扩散直到将所能占据的空间填满为止，因此气体的形状取决于盛装它的容器的形状。

我们能闻到食物的香气，是因为在空气中气体粒子会向四周扩散，当它们钻到我们的鼻孔里时，我们就闻到香味了。

固体中的粒子就像图中整齐堆叠的小球一样。每个粒子的位置都是固定的，所以固体有确定的形状和体积。

从球池中掉落出去的海洋球就像气体粒子一样，可以自由地扩散到很远的地方。

你知道吗　据估算，你的身体由约 7×10^{27} 个原子组成，那可是 7 000 000 000 000 000 000 000 000 000 个！

物态变化

一般来说，物质的三个状态（固态、液态或气态）是可以相互转化的，比如在寒冷的冬季，湖水结冰，春天到了，气温回升，冰又熔化变回了液态的水。这个过程就像是水的一场"变装秀"！水可以结冰，然后又变回水，但无论是冰块还是熔化后的水，它们都是同一种物质。

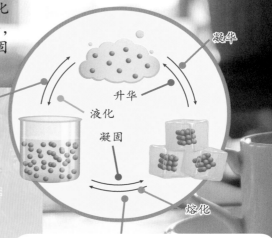

粒子间的作用力

物质状态的变化会影响物质内部粒子的排列方式。这些粒子可以是原子或分子（能够保持物质化学性质的最小微粒，由原子构成）。在固体中，粒子间通过较强的作用力彼此粘在一起。当固体熔化时，这个力会减弱，这就是为什么冰熔化变成水后自身的形状就可以发生改变。当液体汽化（转变为气体）时，这个力会变得更弱。

舞台表演会经常使用干冰（固态的二氧化碳）。干冰不会先转变为液态再转变为气态，而是直接由固态转变为气态。这种物质由固态直接变成气态的过程叫作升华。

温度

物质的状态主要和温度有关。当物质受热时，它的状态会发生改变，粒子的运动也会变得更剧烈。固体受热时会熔化，液体受热时会汽化，其中气体粒子的运动比液体粒子的更剧烈，液体粒子的运动比固体粒子的更剧烈。热量可以为粒子提供能量并削弱粒子间的相互作用力。反之，当温度降低时，气体会液化成液体，液体则凝固成固体。

同一物质的凝固点和熔点是一样的，即液体变成固体和固体变成液体的温度是一样的。沸点是液体沸腾时的温度，此时液体变为气体，物质由气体液化成液体的温度和沸点相同。

你知道吗

8

汞是唯一一种在室温下呈液态的金属。金的熔点约为1 064 ℃，而汞的熔点仅在-39 ℃左右！

沸腾的水上飘出的雾气是水蒸发产生的水蒸气。

冷却的水蒸气在空气中液化。它可能会顺着水壶的内壁流下，或者留在玻璃上使玻璃起雾。

积雪需要更长的时间来吸收空气中的热量，所以雪人比周围的雪熔化得慢。在标准大气压下，雪（水）的熔点是0℃。

水壶中的水沸腾并产生大量气泡，这是因为水正在转变为水蒸气。

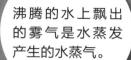

名人堂

亚里士多德

Aristotle

公元前384—前322

亚里士多德是一位古希腊哲学家，他认为所有的物质都是由四种"元素"组成的——土、气、火和水。这个观点使人们相信金属可以变成黄金（炼金术），并且在相当长的一段时间内影响着实验化学的发展。

混合物与溶液

空气对人类至关重要，没有它，生命将无法存续。实际上，人类赖以生存的空气是由氮气、氧气、稀有气体和二氧化碳等多种气体混合而成的，这种由两种或两种以上物质混合而成的物质被称为混合物。而像氮气、氧气这样的物质，它们仅由一种物质组成，不含其他杂质，被称为纯净物。

在化学中，纯净物可以是一种单质（由同种元素组成的纯净物），比如金，也可以是一种化合物（由不同种元素组成的纯净物），比如无杂质或其他添加物的食盐。除非发生了化学反应，否则你无法从纯净物中提取到其他任何物质。混合物是由两种或两种以上不同的物质混合而成的。混合物中的单质或化合物没有结合在一起，因此可以通过一些方法将它们分离。

空气是混合物，由氧气、氮气和二氧化碳等气体组成。

可乐是由水、二氧化碳等物质组成的混合物。因为二氧化碳气体在不断地逸出，所以我们常常可以看到可乐中有气泡产生。

混合

如果你把豌豆放到一碗水中，你仍然可以看到豌豆，但并不是所有物质放入水中后都可以保持原样。当你把糖放到茶里时，糖会溶解。糖看起来似乎消失了，但实际上并没有，因为你可以尝到茶变甜了，糖分子只是被分散到水分子中了。像这样一种或几种物质分散在另一种物质中，形成的均一、稳定的混合物，叫作溶液。当然我们也可以混合固体、液体和气体。

10　　**你知道吗**　"纯"果汁中虽然没有添加糖，但它并不是纯净物，因为果汁中含有多种化合物。

盐可以在水中溶解。盐是溶质（被溶解的物质）。

水是溶剂（可以溶解其他物质的物质）。

盐水是溶液。盐加得越多，溶液的浓度越高。反之，加水会降低溶液的浓度。

锅是由金属制成的，它不溶于水。

名人堂

玛丽·埃利奥特·希尔
Mary Elliott Hill
1907—1969

希尔是一位十分优秀的化学家，也是一名化学教师，她不仅在学术上有所成就，还鼓励学生们勇敢面对困难，努力学习化学知识。她和她的丈夫研制出了一种能用于塑料生产的可溶性化合物。

扩散和布朗运动

物质由极其微小的粒子构成，科学研究表明，分子、原子、离子是构成物质的粒子。在流体中，粒子之间的相互作用力较弱，它们会不停地运动，这种运动使粒子在空间中扩散。加热会使它们移动的速度变得更快，并增大它们之间的距离。

布朗运动

在流体中，粒子随机地向各个方向运动，这种随机的运动被称为布朗运动，由植物学家罗伯特·布朗（Robert Brown）在1827年首次发现。他在显微镜下观察到花粉颗粒在水中不停地进行着无规则的运动。现在我们终于找到了花粉颗粒不断运动的原因：花粉颗粒在水中受到肉眼看不到的水分子的碰撞，导致它们的运动方向不断改变，所以它们不断地进行着无规则运动。

将染料滴入纯净的水中时，会产生一种有趣的现象：刚开始的时候，染料粒子都聚集在一起。一段时间后，颜色扩散开来，一些区域的颜色比较深，一些区域的颜色比较浅。

水分子比花粉颗粒要小得多，但是水分子的数量很多，所以它们能"推动"花粉颗粒，使其移动。

名人堂

阿尔伯特·爱因斯坦

Albert Einstein

1879—1955

出生于德国的伟大的物理学家爱因斯坦于1921年因光电效应的研究被授予了诺贝尔奖。除此之外，他还提出了很多有启发性的观点，他认为罗伯特·布朗观察到的花粉颗粒的运动与水中看不见的粒子的碰撞密切相关。

溶解与扩散

　　固体中的粒子紧密地排列在一起，粒子只在它们固定的位置上振动，所以固体内部几乎不存在扩散。但是当一些可溶性（可以溶解的）固体溶解在液体中时，这些固体粒子之间的相互作用力被破坏，它们会通过扩散分散在液体中，最终形成均一、稳定的混合物，这个过程叫作溶解。

气体粒子具有很高的能量，且粒子间的相互作用力很小，因此气体能够迅速扩散。

染料粒子和水分子相互扩散，直到混合均匀。最终，染料粒子和水分子会均匀地分布在整个水杯中，呈现出均一、稳定的状态。

两种液体的粒子随机移动并相互碰撞，这使两种液体中的粒子混合在一起。

？ 你知道吗　　在日常生活中，各种有气味的气体分子通过扩散传播，使我们能够闻到花香、食物的香味，或检测到气体的泄漏。

从混合物中分离固体

日常生活中，大多数物品都是混合物，比如蛋糕胚是鸡蛋、牛奶和面粉的混合物。思考一下，用什么方法可以把混合物中的各个成分分开呢？混合物中可能有固体、液体和气体，有些混合物较易分离，有些则不易分离，分离混合物的方法主要取决于混合物的成分。

过筛与过滤

过筛可以分离大小不同的固体颗粒。通过控制筛网的孔洞的大小，我们可以让小颗粒物质通过，并拦截住大颗粒物质。过滤器的工作原理与筛子相似，用于将液体中的难溶性固体分离出来。就像我们吃火锅时使用漏勺一样，漏勺可以把汤汁留在锅里，而将固体物质捞出来。又如冲泡咖啡时使用的滤纸，它可以让液体顺利流出，但将咖啡渣留在滤纸上。

黄金的性质很不活泼（不易反应），当岩石风化（或破碎）时，存在于岩石中的天然黄金会被水流冲刷走并沉积在河流的泥沙中。

蒸发

固体溶解在液体中形成溶液。我们可以通过蒸发将溶解的固体与溶剂分离：加热溶液使溶剂蒸发，留在容器中的固体就是原来溶解在溶液中的固体，且蒸发后得到的固体的质量与溶液中溶解的固体的质量相同。

传统的制备海盐的方式是先将海水引入盐田中蒸发，再通过人工收集蒸发后留下的盐晶体。

14  你知道吗　海盐是一种常用的调味品，它能使烹饪的食物更加鲜美。中国对海盐的制备和提取的历史可追溯至 5 000 多年前。

名人堂

查尔斯·理查德·德鲁

Charles Richard Drew

1904—1950

德鲁是一位美国外科医生，主要从事有关血液的化学研究。他发现将血液中的红细胞与血浆（液态）分离，可以显著延长血浆的保存时间。第二次世界大战期间，他对血液储存方法的改进拯救了无数生命，做出了巨大的贡献，因此被誉为"血库之父"。

可以利用筛子将河流中的沉积物（泥土、沙子和砾石）与黄金分离。

过筛和淘洗都是历史悠久的淘金方法。淘金时，其他物质会被水流冲走，而密度大的固体金会沉在底部。

塑料棒

黑胡椒粉

黑胡椒粉和盐的混合物

我们可以利用静电分离黑胡椒粉与盐。摩擦一根塑料棒使其带负电荷，带电的塑料棒会吸引黑胡椒粉并使其"飞"起来粘在塑料棒上。

15

液体混合物的分离

溶液是一种混合物。我们可以加热溶液直到其中的一种液体蒸发，再将收集到的蒸气冷凝回液体并收集起来，这样这种液体就从溶液中分离出来了，我们把这个过程叫作蒸馏。

简单蒸馏

简单蒸馏是一种分离、提纯混合物的常用方法，它利用混合物中各组分的沸点不同来提纯液体。如果我们想从盐水中分离出纯净的蒸馏水，那么应先将盐水加热至沸腾，在这个过程中，溶液中的水不断蒸发，盐晶体则留在烧瓶中。将蒸发产生的水蒸气收集起来并冷却至液体，就可以获得蒸馏水了。

① 蒸馏可以将液体混合物中沸点较低的液体分离出来。

名人堂

爱丽丝·奥古丝塔·鲍尔

Alice Augusta Ball

1892—1916

鲍尔通过分馏等方法从大风子油中提炼出可以用于治疗传染性汉森氏病（麻风病）的活性成分，这些成分更易溶于水。这种新研制的药物可以注射使用。多亏了鲍尔，那些被隔离的麻风病患者总算可以摆脱病痛的折磨，重回家庭。

你知道吗 石油精炼厂在分馏塔中加热原油。截至 2019 年，世界上最大的分馏塔在尼日利亚，高约 112 m，这个高度相当于将 28 头大象叠放在一起。

分馏

　　一些液体混合物中有若干种不同的液体成分，它们可以通过分馏分离并收集。分馏利用不同的液体具有不同的沸点这个特性，实现液体的有效分离。在加热过程中，混合物中的不同成分会在不同的时间段依次蒸发。分馏得到的各种成分叫作馏分，每种馏分都可以单独地收集起来。在石油精炼厂中，人们利用分馏的方法将原油分离成多种燃料和化学品，这些物质被广泛应用于许多行业。

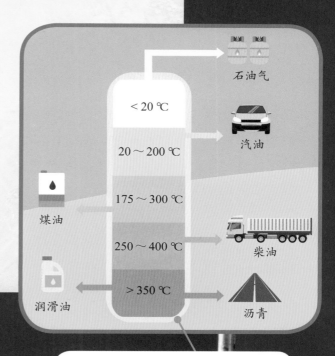

石油气

< 20 ℃

20 ~ 200 ℃　汽油

煤油

175 ~ 300 ℃

250 ~ 400 ℃　柴油

润滑油

> 350 ℃　沥青

原油分馏后，我们可以从中获得一些常用的工业品，如用于铺路的沥青和用作燃料的汽油等。不同的石油分馏产物可以用于不同的制造业。

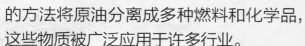

1. 加热液体混合物，当温度升高并达到其中一种液体的沸点时，这种液体会变成蒸气。
2. 热的蒸气在冷凝管中流动，冷凝管外管通有冷水。
3. 蒸气在冷凝管中被冷却，变回液体。
4. 最后在烧杯中得到纯净的液体。

常见材料的性质

闪耀的水晶鞋和温馨的姜饼屋一般只会出现在童话故事里。毕竟在现实生活中，我们可不希望有一双易碎的鞋子和一栋会变质的房子。我们需要根据物质的特性来选择合适的材料，使之符合实际需求。硬度（固体的坚硬程度）、粗糙度、柔韧性和渗透性都是材料的物理特性。

玻璃或透明（可以透过光线）的塑料可以让阳光照进室内。

金属和陶瓷

金属在建筑行业中的应用非常广泛，因为大多数金属既坚硬又结实。它们还具有延展性（可以被拉伸成细长的形状）和良好的导电和导热性能。陶瓷，如瓷器和陶器，是一种绝缘体。一般来说，这种材料坚硬且防水，但是十分易碎。陶瓷常常用于制造杯子、马桶、砖块和汽车制动器等。

这是一条由玻璃钢制成的船。玻璃钢是一种由合成树脂和玻璃纤维组成的复合材料。它既像玻璃一样坚硬，又像塑料一样轻巧。

橡皮筋之所以能够被拉伸，是因为构成它的分子较长且缠结在一起。当我们拉橡皮筋时，缠结在一起的分子会伸直并变长，但这种伸长是可逆的，当我们停止拉橡皮筋时，分子又会恢复原状，橡皮筋也会恢复到原来的状态。

塑料

塑料是一种以化石燃料为原料制备而成的聚合物。塑料因其多样的性质和形态在我们的生活中有着十分广泛的应用。塑料有硬的，也有软的；有易弯曲的，也有不易弯曲的；有透明的，也有不透明的。我们可以根据实际需求选择不同的塑料。

 你知道吗

钻石几乎能够在所有物质上刻画出痕迹，因为钻石是地球上最坚硬的天然物质。镶有钻石的工具甚至可以用于钻探岩石。

地上铺的陶瓷砖具有光滑、耐磨且易于清洁的特点。

这条围裙由防水布料制成，可以防止人在浇花时衣服被淋湿。我们通常把这种能够阻止水分渗透的材料称为"不透水"的材料。

因为塑料软管具有柔韧性，所以它可以轻松地弯曲，而喷头部分则由硬质塑料或金属制成，以确保稳固、耐用。

名人堂

安吉·特纳·金
Angie Turner King
1905—2004

金在康奈尔大学获得了化学硕士学位。她长期致力于科学教育事业，并曾在中学和大学担任化学教师。在第二次世界大战期间，她还会给士兵们传授化学知识。她的许多学生也在科学领域取得了卓越的成就。

流体的黏度

液体流动的难易程度被称为黏度。水的黏度很低，所以它能很顺畅地流动，但蜂蜜的黏度较高，所以它只能缓慢地从勺子上流下来。黏稠的液体之所以流动缓慢，是因为在移动时其粒子之间存在摩擦阻力。

牛顿流体的黏度

艾萨克·牛顿（Isaac Newton）发现，在不改变温度的情况下，一般流体的黏度不会因受到外力而改变，也就是说不论是摇晃还是搅拌都不会改变它的黏度。这种流体被称为牛顿流体。水就是一种牛顿流体，无论是用勺子迅速搅拌杯子中的水，还是用力跳入游泳池，水的黏度都不会发生变化。

有一种十分有趣的非牛顿流体叫作"欧不裂（Oobleck）"，它是由玉米淀粉和水混合制成的。

"欧不裂"这个名称来源于瑟斯博士（Dr. Seuss）的一本故事书中的一种黏性物质。

当你陷入流沙时，可以轻柔地摆动腿部以摆脱困境。

非牛顿流体的黏度

胶体是由一种微小的粒子分散在另一种物质中形成的混合物。胶体有着十分独特的性质。当有人不小心陷入流沙（含有亲水性胶体的物质）中，如果他们放松身体，那么就会慢慢浮起来，如果拼命挣扎，那么反而会快速下陷。这种在外力干扰下黏度表现出变化的流体被称为非牛顿流体。有些非牛顿流体，比如流沙，会在受到外力时变得更易流动，而有些非牛顿流体，比如玉米淀粉糊，会在受到外力时变得更黏稠。

？你知道吗 当青蛙用舌头捕食昆虫时，它的唾液的黏度会降低，变得可以流动，当唾液覆盖昆虫后又变得黏稠，紧紧地粘住昆虫。

艾萨克·牛顿
Isaac Newton
1643—1727

牛顿是一名英国科学家。虽然他的童年并不幸福，但这些苦难都没有阻碍他对科学的热爱，最终他成为一名伟大的科学家和数学家。他揭示了力对物体运动的影响，并提出了三大运动定律，而他最为人所铭记的贡献是揭示了重力的存在。他提出所有的物体之间都存在引力，据说这一理论的灵感来源于苹果从树上坠落的现象。

"欧不裂"是由微小的固体颗粒分散在水中形成的胶体。正常情况下，它像液体一样流动，但当你把它握在手里捏成一个球时，它受到力的作用，会变得黏稠。

当你用手指戳"欧不裂"时，其粒子没有足够时间"躲避"你手指所施加的力量，这个力量会使它展现出类似固体的特性。

摇晃后的番茄酱更容易从瓶子里倒出来。摇晃的力使得原本浓稠的番茄酱的黏度降低，变得更加稀薄。

原子

原子是构成物质的一种微粒。将原子想象成小小的球体有助于我们理解固体、液体和气体的特性，但原子并不是最小的粒子，它由更小的亚原子粒子组成，这些粒子包括质子、中子和电子等。不同元素的原子具有不同数量的亚原子粒子。

原子核

原子核位于原子的中心。原子核中的质子或中子的质量约是电子的 1 800 倍，这使得原子核相对电子来说相当"大"——尽管我们还是无法用肉眼观察到它。中子不带电荷，而质子带正电荷，所以原子核带正电荷。同种元素的原子都拥有同样数量的质子，原子中的质子数在数值上等于原子序数。

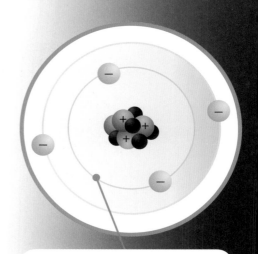

铍的原子序数为 4，它的原子核含有 4 个质子（浅蓝色）和 5 个中子（黑色）。4 个电子（绿色）被分成两组，分别排列在不同的电子层中。

电子层就像俄罗斯套娃一样，一层套一层，但是电子层并非真实存在的结构，电子与质子之间存在相互作用力，电子依靠这种相互作用力在原子核周围运动。

电子

在原子核外部，大部分空间都是空的。电子是带有负电荷的非常微小的粒子，几乎没有质量，它们在原子核外的电子层中高速运动着。每个电子层可以容纳一定数量的电子，因此电子的数量越多，电子层数就越多。质子的数量和电子的数量相等，且二者具有相反的电荷，它们能互相吸引，这种相互作用力使电子能在原子内部运动。因为原子中电子的数量与质子的数量相同，因此整个原子不带电荷。

你知道吗　　质子和中子内部包含更小的粒子，它们是夸克和胶子。

¹²C
6 个质子
6 个中子
6 个电子

¹³C
6 个质子
7 个中子
6 个电子

¹⁴C
6 个质子
8 个中子
6 个电子

原子核中,质子和中子的数量之和就是原子的质量数。

质子数相同而中子数不同的同一种元素的不同原子互称为同位素。"正常"的碳原子(^{12}C)具有 6 个中子,而其他的碳原子可能具有 7 个或 8 个中子。

第一层电子层是最靠近原子核的电子层,最多能够容纳 2 个电子。

当电子层被电子填满时,多余的电子就会填充到下一层电子层中。

原子越大,电子层数就越多。第二层电子层最多能容纳 8 个电子,第三层最多能容纳 18 个电子。

名人堂

约瑟夫·约翰·汤姆孙

Joseph John Thomson

1856—1940

　　1897 年,英国物理学家汤姆孙发现了电子。他在实验中发现:在低压下,电流通过气体时所看到的阴极射线是比原子本身质量小得多的粒子流。现在我们称这些粒子为电子。他因这一发现于 1906 年获得了诺贝尔物理学奖。

元素

元素是质子数相同的一类原子的总称，不同元素的原子具有不同的原子结构，它们往往有不同数量的质子、中子和电子。这些差异赋予了元素独特的性质（物理性质和化学性质）。

我们经常看到由金、银和铜制成的首饰，但这些金属的用途远不止于此。

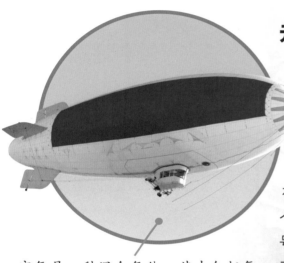

空气是一种混合气体，其中包括氮气、氧气和氩气等。飞船中填充的气体是氦气，氦气是由氦元素组成的。氦气的密度比空气的小。

元素名称和原子序数

我们所知道的 118 种元素中，大约有 90 种是在自然界中发现的，其他的都是由科学家人工制造的。人造的元素一般不稳定，它们很快就会衰变。每种元素都有自己的名称和符号，一般由一个或两个字母构成，如氢的符号是 H，铅的符号是 Pb。原子序数是元素在元素周期表中排列的序号，它在数值上等于原子的质子数。

二氧化硅是一种由氧元素和硅元素组成的化合物，它是地壳中岩石和沙子的主要成分。另外，地壳中铝元素、铁元素和钙元素的含量仅次于氧元素和硅元素。

我们所拥有的资源

在室温下，只有 2 种元素（汞和溴）对应的单质是液体，有 11 种元素所对应的单质是气体，剩下的元素所对应的单质基本都是固体，其中大部分是金属。一些元素，比如金元素，在自然界中可以以单质的形式存在，但大多数元素以化合物的形式与其他元素共存。单质及化合物构成了地壳中的矿物和岩石。

1925 年，德国的艾达·诺达克、奥托·伯格（Otto Berg）和沃尔特·诺达克（Walter Noddack）首次分离出铼元素。铼具有极高的熔点，可以用于飞机发动机的制造。艾达还首次提出了原子在中子的轰击下可能会分裂成更小的原子的观点。在她提出这个观点的若干年后，人们实现了核裂变。

铜元素是一种微量元素。生物体仅需少量的微量元素就能维持健康。

银可以导电，同时也是热的良导体，因此常被用于太阳能电池板的制作。又由于其出色的对光的反射的能力，它还会被用来制作镜子。

金元素是一种十分不活泼的元素，单质金长期放置也不与空气发生反应，也不会变暗，其在医疗器械、牙齿填充和电子设备中应用广泛。

你知道吗   2016 年，国际纯粹与应用化学联合会提名 118 号元素鿫为新化学元素，它是一种人工合成的元素，具有放射性，其原子会迅速衰变。

25

分子

除了少部分原子如稀有气体原子喜欢"游离"在外，大部分原子都喜欢"聚集"在一起，与其他原子结合形成分子。分子可以是仅由两个原子构成的小分子，也可以是由两个以上原子构成的较大的分子，甚至分子还可以具有超大的分子结构。晶体中的原子或分子在三维空间里呈周期性的有序排列，这种结构在类似钻石的宝石中经常出现。

铅笔笔芯是由石墨制成的。石墨和金刚石都具有巨大的微观结构。

双原子分子

双原子分子由两个原子构成，如果这两个原子是相同的，那么这个双原子分子又被叫作同核分子。这两个原子间的化学键一般是通过共用电子形成的，这样可以填满原子的最外层电子层。氢原子的最外层只有 1 个电子，但其最外层电子层可以容纳 2 个电子，因此氢气分子中的两个氢原子会分别拿出 1 个电子和对方共用，这样每个氢原子的最外层就被填满了。

氢气分子是一种双原子分子。氢气分子中的两个氢原子通过共用电子对形成化学键，从而构成一个稳定的双原子分子。

英国科学家富兰克林通过 X 射线晶体学技术研究了生物大分子 DNA（脱氧核糖核酸）的结构，为揭示 DNA 分子的双螺旋结构做出了重要的贡献。她还在病毒、煤炭和石墨的结构研究中有着重要的发现。她在碳元素方面的研究工作增进了人们对相关材料的理解，并对后续碳纤维技术的发展起到了一定的启发作用。

 你知道吗

库里南钻石是有史以来发现的最大的钻石，它长约 10 cm，宽约 6.5 cm，厚约 5 cm，它最后被分割成 100 多块。

同素异形体

　　有些晶体的结构很简单，它们只包含一种原子。但有趣的是，它们的原子以不同的方式结合在一起，形成不同的同素异形体。金刚石和石墨（铅笔的"芯"主要成分）是碳的同素异形体，它们虽然都由碳元素组成，但它们的外观和性质完全不同，这是由于构成这两种物质的碳原子的排列方式不同。

钻石是地球上最坚硬的天然物质，顶级的钻石可以被切割成昂贵的宝石。此外，它们也被用作切割工具，在工业中有着广泛的应用。

金刚石	石墨	富勒烯
正四面体	平面网状	球形

石墨层与层之间的相互作用力很弱，而金刚石的原子之间的化学键相当牢固，所以石墨比金刚石柔软。碳的另一种同素异形体富勒烯的结构呈球形。

石墨呈暗灰色，它十分柔软，层与层之间容易滑动，因此可以在纸上留下印记，所以被用于制作铅笔芯。

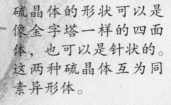

硫晶体的形状可以是像金字塔一样的四面体，也可以是针状的。这两种硫晶体互为同素异形体。

化合物

化合物是由不同种元素组成的纯净物。通常情况下，我们需要通过化学反应才能将化合物中的不同元素的原子分离，并使它们转变为单质。

化学反应的实质

化学反应前后的原子的数量是不变的。这意味着起始物质（反应物）和最终物质（产物）含有相同数量和种类的原子，只是它们以不同的形式组合在一起。产物具有新的性质，它们的外观和性质与反应物不同。当你喝水时，你喝的是由氢元素和氧元素组成的化合物；当你炒菜时，加入的食盐是由氯元素和钠元素组成的化合物。

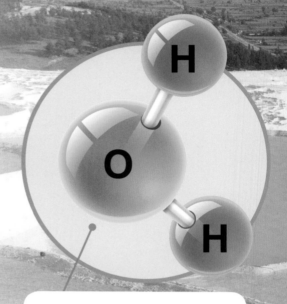

每个水分子中都有一个氧原子和两个氢原子。

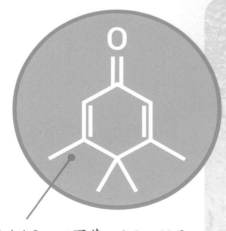

3,4,4,5-四甲基-2,5-环己二烯-1-酮的结构式看起来有点像企鹅。因此，科学家们常把它叫作企鹅酮。

名称和化学式

一些化合物由多种元素组成，因此它们的名称较为复杂。幸运的是，科学家们给化学物质起了简单的名称，还用一种简便的方式来表示它们——化学式。每种元素都可以由一个或两个字母组成的符号（元素符号）表示，而这些元素符号可以用来表示所有已知化合物的化学式。水的化学式是 H_2O，这表明每个水分子中都有一个氧原子和两个氢原子。另一种物质的表示方式是结构式，它能更清晰地展示物质的组成和结构。

你知道吗

迄今为止，科学家制造出的最大的分子为 PG5，这个分子中有数千万个原子。PG5 的直径达到 10 nm，和一个病毒一样大呢！

土耳其的棉花堡温泉是地下热泉上升至地表所形成的自然奇观。

这些美丽的白色石灰岩的主要成分是碳酸钙（$CaCO_3$）。碳酸钙是一种化合物，它由地下热泉上升至地表时所携带的钙元素、碳元素和氧元素组成。

在地下时，碳酸钙溶解在地下热泉中。当碳酸钙随着热泉上升到地表并冷却后，溶解的碳酸钙变回了固体。

化学物质从溶液中析出并转化为固体的过程称为沉淀。

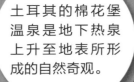

名人堂

玛丽-安妮·拉瓦锡

Marie-Anne
Lavoisier

1758—1836

玛丽是安托万·拉瓦锡（Antoine Lavoisier）的妻子。他们在巴黎的家中有一个实验室，他们曾邀请其他科学家观看并一起探讨他们的实验。作为安托万的合作伙伴，玛丽扮演了多重角色，包括插画师、翻译和助手，对他的研究起到了至关重要的作用。他们还一起发现了氧气，并证明氧气能与其他物质反应形成化合物。

共价键

原子是由原子核和绕原子核运动的电子组成的，电子分布在电子层中，每层电子层可以容纳一定数量的电子。上一层电子层必须被填满，电子才可以继续填充下一层电子层。当发生化学反应时，原子会重新组合并形成新的分子，这时原子与原子之间形成了化学键。一个原子能够形成多个化学键。

当原子的最外层充满电子时，它是稳定（不易反应）的，因此我们可以认为未被填满的最外层是"渴望"被电子填满的。原子可以通过共用电子并形成共价键来实现这一点。这就解释了为什么氢原子和氦原子都很小且都只有一层电子层，但活泼性却大不相同。一个原子的第一层最多可以容纳 2 个电子，一个氢原子只有 1 个电子，易与另一个原子共用电子，而氦原子有 2 个电子，已经是稳定的了，难以发生化学反应。

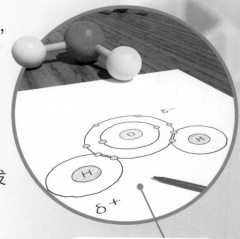

在一个水分子中，氧原子拿出 1 个电子与氢原子共享，使氢原子的最外层被填满；两个氢原子各拿出 1 个电子与氧原子共享，使氧原子的最外层被填满。

双键

两个原子共用一对电子可以形成一个共价键（单键）。一些原子还可以通过共用两对电子形成两个共价键（双键）。以氧原子为例，氧原子之间之所以能形成双键，是因为氧原子的最外层（第二层）可以容纳 8 个电子，而氧原子的第二层只有 6 个电子，所以它"渴望"再获得 2 个电子。两个氧原子可以各自提供 2 个电子来共用，即共用两对电子，形成两个共价键，这样它们的最外层就都有 8 个电子了。

两个氧原子共用的两对电子在氧分子中形成了双键。每个原子的原子核中的质子和中子的数量保持不变。

鲍林出生于美国俄勒冈州，他是首批使用量子物理学来解释原子如何形成化学键的科学家，在量子物理学中，亚原子粒子会表现出波的性质。因为这项工作，他在 1954 年获得了诺贝尔化学奖。此后，他又于 1962 年获得了诺贝尔和平奖，以表彰他为禁止核武器试验和抵制核战争威胁所做的巨大贡献。

蜡烛是由石蜡制成的。石蜡可以作为蜡烛燃烧时的燃料。

在蜡烛燃烧的过程中，氢原子和碳原子与氧原子形成新的共价键，产生二氧化碳气体和水蒸气。

蜡烛燃烧时会产生热和光，直至石蜡燃烧殆尽。我们将这类可燃物与氧气发生的发光、发热的剧烈的氧化反应称为燃烧。

石蜡是由碳原子和氢原子组成的化合物。蜡烛燃烧时，热量使石蜡熔化，随后转化为蒸气。与此同时石蜡分子间的相互作用力被破坏。

 你知道吗

量子物理学认为，电子可以同时向两个方向自旋，并且即便相距整个银河系，它也可以影响到另一个电子。太奇妙了！

离子键

在共价键中，成键双方共用电子，而在离子键中，电子从一个原子转移到另一个原子。失去电子的原子变为阳离子，带正电，得到电子的原子变为阴离子，带负电，带相反电荷的离子通过静电作用结合在一起，人们把这种带相反电荷的离子之间的相互作用叫作离子键。

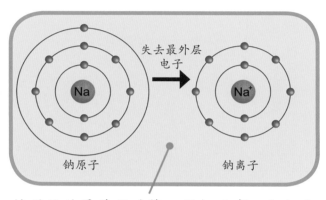

钠原子　　　　　　　钠离子

钠原子的最外层（第三层）只有1个电子，它很容易失去这个电子。失去最外层电子后，它的第二层就成为最外层，且最外层的电子数达到8个，结构十分稳定。

离子

由于原子中的电子所带的负电荷抵消了其原子核所带的正电荷，所以原子一般不带电。当一个原子失去或获得电子时，它就失去或获得电荷，成为一个带电粒子，这个带电粒子被称为离子。如果一个原子失去1个电子，那么该原子变为一个带正电荷的离子，称为阳离子；如果一个原子获得1个电子，那么原子变为一个带负电荷的离子，称为阴离子。

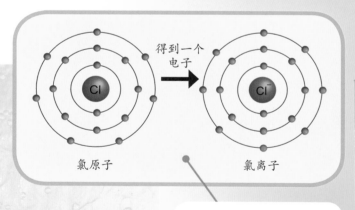

氯原子　　　　　　　氯离子

离子晶体

阴、阳离子通过静电作用互相吸引，形成离子键。含有离子键的化合物称为离子晶体。在离子晶体中，阳离子和阴离子按一定的规则重复排列。由于静电作用力在各个方向都存在，这使得离子晶体的结构较为稳定。这类化合物总体不带电荷，因为负电荷和正电荷相互抵消。因为破坏离子键需要大量的能量，所以离子晶体通常具有高熔点和高沸点。

氯原子容易得到1个电子，因为这样可以使其最外层（第三层）的电子数达到8个，形成稳定的结构。

你知道吗　我们的神经细胞需要钠离子和其他离子来传递电化学信息，其中人桡神经的传导速度可达 7 cm/s。

氯化钠晶体是由交替排列的钠离子和氯离子所构成的立方结构。钠离子（Na⁺）带正电，而氯离子（Cl⁻）带负电。

钠（一种金属）和氯气（一种气体）都是危险的化学物质，但它们发生化学反应结合在一起后却生成了我们饮食中必不可少的调味品——食盐。

固态金属化合物中的带电粒子被离子键紧紧地束缚在一起。这就是为什么氯化钠不能导电（导电需要可以移动的带电粒子）。

我们用于食物调味的盐是氯化钠。它是由钠离子和氯离子构成的。

名人堂

迈克尔·法拉第
Michael Faraday
1791—1867

伟大的英国科学家法拉第认为：在通电过程中，溶解在水中的化合物会被分解为带电粒子。他使用阳离子和阴离子等术语来描述这些带电粒子。他的研究成果为后来科学家发现电子及电子在化学键和电流中的作用奠定了重要的基础。

化学反应

当物质（反应物）发生化学反应时，会生成具有不同性质的新物质（产物）。反应物中的原子重新排列，原有的化学键被破坏并形成新的化学键。反应前后原子的数目和种类不变，所以在反应物和产物中，原子以不同的方式组合在一起。

原子之间的组合就像小朋友跳舞一样。它们可以手牵着手（形成化学键），也可以松开手，四处移动，直至找到新的伙伴。

化学方程式

我们可以用物质的名称来描述物质发生的化学变化。例如，碳和氧气反应生成二氧化碳可以写作：

$$碳 + 氧气 \longrightarrow 二氧化碳$$

化学方程式使用化学符号和化学式来表示反应物和生成物，这种表示方法可以向我们提供很多的信息，我们可以读出参与反应的物质的分子中原子的种类和数目。

$$C + O_2 \xrightarrow{点燃} CO_2$$

上面的化学方程式表明一个碳原子与一个由两个氧原子构成的氧分子反应，生成一个含有一个碳原子和两个氧原子的二氧化碳分子。这个化学方程式是"平衡的"，等号前有三个原子，等号后也有三个原子。

这个化学方程式表明，两份钠和两份水反应会生成两份氢氧化钠和一份氢气。

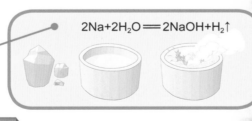

$$2Na + 2H_2O = 2NaOH + H_2\uparrow$$

名人堂

安托万·拉瓦锡
Antoine Lavoisier
1743—1794

基于实验研究，拉瓦锡验证了一个化学反应原理，即参与反应的物质在化学反应前后的质量保持不变，并在1789年出版的著作中解释了质量守恒定律。除此之外，拉瓦锡还介绍了一种新的化学命名法，现代化学命名法就是在此基础上发展起来的。

把铜丝浸入无色的硝酸银溶液中，铜离子取代了银离子的位置，使溶液变成蓝色的硝酸铜溶液。被置换出来的银附着在铜丝上形成晶体。

活泼性

活泼性是指一种化学物质与其他物质发生反应的难易程度。有些金属的活泼性非常强，比如钠，以至于它在自然界中只能以化合物的形式存在。而另一些金属的化学性质就十分不活泼，比如金。在金属活动性顺序（金属按活泼性从大到小排列的顺序）中，钠比铜更活泼，铜比银更活泼，银又比金更活泼。较活泼的金属能将较不活泼的金属从它的盐溶液中置换出来，此时发生的反应是置换反应。

无论舞伴如何变化，参与舞蹈的成员始终保持不变。

有些成员比其他人更倾向于更换舞伴。

? 你知道吗　人类的生命离不开化学反应，人体中的化学反应就是生物化学所要研究的内容。此时此刻，我们的身体里正在进行着数以万亿计的生物化学反应。

可逆反应与不可逆反应

在化学反应中，反应物中的原子重新组合，形成新的物质。有些反应是可逆的，比如四氧化二氮能转化为二氧化氮，在同一条件下，二氧化氮又能转化为四氧化二氮。而有些反应是不可逆的，比如燃烧和腐蚀，这些反应一旦进行，我们就无法再得到原来的反应物。

烹饪与燃烧

厨师无法将烤好的蛋糕恢复原状，因为食材已经发生永久性的变化。烘烤蛋糕时会涉及热分解等反应。燃料在空气中的燃烧是另一种不可逆反应。例如，当木材燃烧时，它会与空气中的氧气反应，释放光和热。这个反应是不可逆的，我们无法将燃烧后得到的灰烬重新变回木材。

通过颜色的变化也可以很好地观察到可逆反应的变化过程。加热时，一瓶二氧化氮和四氧化二氮的混合气体的颜色会变深，而冷却后，其颜色又会变浅。

名人堂

威廉·雅各布·诺克斯

William Jacob Knox

1904—1995

诺克斯在麻省理工学院（MIT）获得了化学博士学位。第二次世界大战期间，他作为一名主管参与了曼哈顿计划的相关工作，他使用腐蚀性气体六氟化铀来分离铀的同位素。之后，他加入了伊士曼柯达公司，成为该公司的一名化学家。

 你知道吗

火星是一个"生锈"的行星，它看起来呈红色是因为其土壤中的铁与氧气发生了反应，当时这颗行星上还可能存在液态水。

金属的腐蚀

　　金属与空气中的氧气和水接触时，容易发生腐蚀，例如，铁与空气中的氧气和水接触时，就会生锈，即铁被腐蚀，这种腐蚀是不可逆的。随着金属逐渐转化为金属氧化物或其他化合物，金属的强度会逐渐减弱，这可能会引发一系列问题。

铁与氧气发生反应生成氧化铁。

这座雕像是由铁制成的，铁的表面镀了一层铜。铜与空气中的氧气反应生成氧化铜。

氧化铜与空气中的二氧化碳等物质反应，使铜最后变成蓝绿色的物质（铜绿）。

自由女神像及其基座的总高度超过了 90 m。自 1886 年起，它就矗立在美国的自由岛上，这座雕像曾经是鲜明的红褐色，现在变成了蓝绿色。

铜绿可以减缓内部铜材料的进一步氧化，因此这座雕像内部受到了表面的腐蚀层的保护。

放热反应与吸热反应

在化学反应中，反应物的原子会重新排列，原有的化学键会被破坏并形成新的化学键。当化学键断裂时，需要吸收能量；当化学键形成时，会释放能量。所有化学键释放和吸收的能量之差决定了反应在整体上是吸收能量的还是释放能量的。这种能量通常是热能。

放热反应

放热反应会释放热量，可以使周围环境的温度升高。多数氧化反应，即物质被氧化的反应，都是放热的。我们在使用"暖宝宝"时，它的内部就在发生放热反应——生锈。"暖宝宝"里有水和铁粉等成分，当反应被激活时，铁与水、空气中的氧气发生反应，生成铁的氧化物（生锈）并释放热量。呼吸也是一种放热反应，呼吸作用可以为我们的身体提供能量以维持各种生命活动。

硝酸是由氢元素、氮元素和氧元素组成的化合物。它是一种具有强氧化性的化学物质，并且能够引发爆炸，即剧烈的放热反应。

当你击打或弯折荧光棒时，会引发一个化学反应，该反应会以光的形式释放能量。

你知道吗 堆肥发酵是一个放热的过程。冢雉（某种鸟类）不会直接坐在蛋上孵化它们的幼崽，而是把腐烂的植物堆积成堆，利用堆肥产生的热量来孵蛋。

燃烧除了会释放能量外，往往还会生成二氧化碳和水。篝火燃烧时产生的烟气中还包括一氧化碳和其他化学物质。

吸热反应

在吸热反应中，吸收的能量比释放的多，因此会使周围环境的温度降低。烤制蛋糕的过程中会发生吸热反应，原料中的某些成分在烤制过程中分解，需要吸收热量。

燃烧是一个典型的放热反应。它以热量和光的形式释放出大量能量。

在蛋糕的原料中，碳酸氢钠（小苏打）发生热分解，产生二氧化碳，从而使面团膨胀并产生气孔。

木材会持续燃烧直到全部耗尽，并转化为灰烬。

名人堂

梅·西比尔·莱斯利
May Sybil Leslie
1887—1937

第一次世界大战期间，莱斯利在政府建立的实验室中优化了硝酸（当时主要用于炸药的生产）的制备条件。她是一位英国化学家，曾与诺贝尔奖得主玛丽·居里（Marie Curie）合作，研究放射性元素钍。

加快反应速率

当原子或分子与其他原子或分子发生碰撞，且两者携带了足够大的能量时，化学反应才会发生。增加碰撞的次数或者粒子的能量都会加快化学反应速率。我们一般可以通过升高温度、增大压强或增加反应物的浓度来加快化学反应速率。

神奇的催化剂

催化剂可以改变化学反应的速率，但不会改变反应的产物。反应前后催化剂的质量和化学性质不会发生改变，因此可以反复使用。一些催化剂能够加快化学反应速率，这使得反应在较短的时间里能够生成更多的产物。还有一些催化剂可以使反应在较低的温度下进行，使得生产变得更加经济、环保。反应中只需要添加少量的催化剂即可达到催化的效果，所以催化剂在制造业中有着十分重要的作用。

酶是生物催化剂，能够加速生物体内的生化反应。酵母（一种真菌）中的酶可以帮助面包发酵。

弗拉尼根是一位美国化学家，致力于分子筛的相关研究。这些天然的或人工合成的分子筛在工业中被用作过滤器和催化剂。她开发的材料之一"Y型沸石"被用于石油化工领域，使石油精炼变得更加清洁和安全。弗拉尼根因其在清洁燃料和环境整治方面的贡献获得了许多的奖项和专利。她在2014年获得了美国国家技术与创新奖。

 **你知道吗**　尽管科学家们尚未完全弄清部分催化剂的工作原理，但他们正在利用计算机辅助开发能够革新电动汽车电池性能的催化剂。

催化剂的秘密

　　催化剂通过降低反应的活化能使反应更容易发生，它们并不增加粒子之间的碰撞的次数，但是能够增加那些导致化学键断裂的碰撞的占比。并非所有的反应都有合适的催化剂，不同的催化剂适用于不同的反应，例如铜基催化剂可以加速甲醇的合成过程，生成的甲醇可作为很多化学品的制造原料。

人造黄油可由一些分子中含有双键的植物油制成。构成这些植物油的分子是"不饱和的"。

通过氢化反应，我们能得到熔点更高的人造黄油，其在室温下为固体。

催化转化器内含有铑、铂等催化剂。它们能够使有害的汽车发动机废气（含有氮氧化物、一氧化碳等）发生反应，生成无害的气体，从而减少有害气体的排放。

沸石催化剂可作为分子筛使用，根据分子大小来捕获并分离分子。这张金属网涂覆有沸石催化剂。

在氢化过程中，氢原子会连接到植物油分子上，分子中的双键变为单键。人们一般会使用镍这种催化剂加快反应速率。

元素周期表

元素周期表整齐、有序地展示了所有元素。不同元素的原子一般包含不同数量的质子、中子和电子。元素周期表按原子核中质子数由小到大的顺序对元素进行排序。

元素周期表中的横行称为周期，纵列称为族。氢元素位于第一周期第ⅠA族（第一主族），它的原子只有1个质子和1个电子。氦元素的原子略大一些，有2个质子和2个电子。锂元素位于元素周期表的第二周期第ⅠA族。

在元素周期表中，从左到右，从上到下，随着原子序数的递增，元素的原子的质量逐渐增加。鿫元素是目前为止人类合成的质量最大的元素，它的原子有118个质子。

同一周期（行）中的所有元素具有相同数量的电子层。例如，第二周期的元素的原子都有2层电子层。

	1								
	1 H 氢 1.008	2							
1	1 H 氢 1.008								
2	3 Li 锂 6.941	4 Be 铍 9.012							
3	11 Na 钠 22.99	12 Mg 镁 24.31							
4	19 K 钾 39.10	20 Ca 钙 40.08	21 Sc 钪 44.96	22 Ti 钛 47.87	23 V 钒 50.94	24 Cr 铬 52.00	25 Mn 锰 54.94	26 Fe 铁 55.85	27 Co 钴 58.93
5	37 Rb 铷 85.47	38 Sr 锶 87.62	39 Y 钇 88.91	40 Zr 锆 91.22	41 Nb 铌 92.91	42 Mo 钼 95.94	43 Tc 锝 98.91	44 Ru 钌 101.1	45 Rh 铑 102.9
6	55 Cs 铯 132.9	56 Ba 钡 137.3	57~71 La~Lu 镧系	72 Hf 铪 178.5	73 Ta 钽 180.9	74 W 钨 183.8	75 Re 铼 186.2	76 Os 锇 190.2	77 Ir 铱 192.2
7	87 Fr 钫 (223)	88 Ra 镭 226.0	89~103 Ac~Lr 锕系	104 Rf 𬬻 (261)	105 Db 𬭊 (262)	106 Sg 𬭳 (266)	107 Bh 𬭛 (264)	108 Hs 𬭶 (269)	109 Mt 鿏 (268)

图例说明

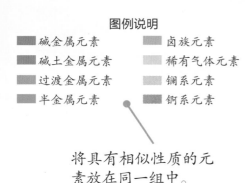

■ 碱金属元素　■ 卤族元素
■ 碱土金属元素　■ 稀有气体元素
■ 过渡金属元素　■ 镧系元素
■ 半金属元素　■ 锕系元素

将具有相似性质的元素放在同一组中。

57~71号元素是镧系元素，89~103号元素是锕系元素，镧系元素的化学性质相似，锕系元素的化学性质相似。

57 La 镧 138.9	58 Ce 铈 140.1	59 Pr 镨 140.9	60 Nd 钕 144.2	61 Pm 钷 144.9	62 Sm 钐 150.4
89 Ac 锕 227.0	90 Th 钍 232.0	91 Pa 镤 231.0	92 U 铀 238.0	93 Np 镎 237.0	94 Pu 钚 (244)

门捷列夫是一位杰出的俄国化学家。他率先根据元素的原子量和化学性质，精心编制出了一张元素周期表，并准确地预测了一些尚未被发现的元素的存在及性质。此外，他还敏锐地发现了元素性质呈现出的周期性变化规律。门捷列夫的发现对化学领域产生了深远的影响，为元素的研究和应用奠定了坚实的基础。

同一主族中，所有元素的最外层都有相同数量的电子，因此它们的化学性质相似，如第 ⅦA 族（第七主族）元素的原子的最外层都有 7 个电子。

元素周期表中包含哪些重要信息？

每个方框里都给出了元素的名称、符号、原子序数，也就是它的质子数（与电子数相同）。方框中也展示了元素的相对原子质量，其与质子和中子的质量之和有关。元素的相对原子质量带有小数点是因为它是由该元素的各种核素的相对原子质量，按其丰度而取的平均值。有些版本的元素周期表给出的是该元素的一种原子的质量数（质子数与中子数之和），这个数总是一个整数。

						8
	3	4	5	6	7	2 He 氦 4.003
	5 B 硼 10.81	6 C 碳 12.01	7 N 氮 14.01	8 O 氧 16.00	9 F 氟 19.00	10 Ne 氖 20.18
	13 Al 铝 26.98	14 Si 硅 28.09	15 P 磷 30.97	16 S 硫 32.07	17 Cl 氯 35.45	18 Ar 氩 39.95
28 Ni 镍 58.69	29 Cu 铜 63.55	30 Zn 锌 65.39	31 Ga 镓 69.72	32 Ge 锗 72.61	33 As 砷 74.92	34 Se 硒 78.96	35 Br 溴 79.90	36 Kr 氪 83.80
46 Pd 钯 106.4	47 Ag 银 107.9	48 Cd 镉 112.4	49 In 铟 114.8	50 Sn 锡 118.7	51 Sb 锑 121.8	52 Te 碲 127.6	53 I 碘 126.9	54 Xe 氙 131.3
78 Pt 铂 195.1	79 Au 金 197.0	80 Hg 汞 200.6	81 Tl 铊 204.4	82 Pb 铅 207.2	83 Bi 铋 209.0	84 Po 钋 (210)	85 At 砹 (210)	86 Rn 氡 (222)
110 Ds 鿏 (269)	111 Rg 轮 (272)	112 Cn 鿔 (277)	113 Nh 鿭 (284)	114 Fl 鈇 (289)	115 Mc 镆 (288)	116 Lv 鉝 (293)	117 Ts 鿬 (294)	118 Og 鿫 (294)

63 Eu 铕 152.0	64 Gd 钆 157.3	65 Tb 铽 158.9	66 Dy 镝 162.5	67 Ho 钬 164.9	68 Er 铒 167.3	69 Tm 铥 168.9	70 Yb 镱 173.0	71 Lu 镥 175.0
95 Am 镅 (243)	96 Cm 锔 (247)	97 Bk 锫 (247)	98 Cf 锎 (251)	99 Es 锿 (252)	100 Fm 镄 (257)	101 Md 钔 (258)	102 No 锘 (259)	103 Lr 铹 (260)

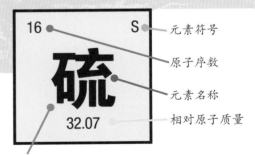

16   S — 元素符号 — 原子序数

硫 — 元素名称

32.07 — 相对原子质量

硫（S）元素的一个原子中有 16 个质子。通常情况下，硫原子的质量数为 32，这表明它有 32－16=16（个）中子。

你知道吗　中世纪的人们使用锑来治疗便秘。事实上，锑是一种有毒的金属，长期或不当使用可能会导致严重的健康问题。在现代医学中，由于锑具有毒性，其不再被用于治疗便秘。

族

元素周期表将元素的原子按照质子的数量（与电子的数量相同）由小到大依次排列。原子有电子层，每个电子层可容纳的电子数量是有限的。第一层（最内层）最多可以容纳 2 个电子，第二层最多可以容纳 8 个电子。后面的电子层与原子核的距离越来越远。当原子的最外层充满电子时，该原子处于稳定的状态，即不易与其他物质发生反应。

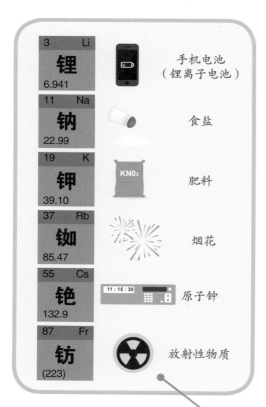

3 Li **锂** 6.941		手机电池（锂离子电池）
11 Na **钠** 22.99		食盐
19 K **钾** 39.10	KNO₃	肥料
37 Rb **铷** 85.47		烟花
55 Cs **铯** 132.9	11:15:30	原子钟
87 Fr **钫** (223)		放射性物质

最外层电子

元素周期表中同一族的元素表现出相似的化学性质，这是由它们的原子的电子排布规律所决定的。以第ⅠA族为例，从上到下，每种元素的原子的电子层比前一种多一层，锂原子有两层，钠原子有三层，钫原子有七层，但它们的最外层都只有 1 个电子，它们都容易失去这个最外层的电子发生反应，所以它们的化学性质相似。其他同主族元素的原子的最外层电子数也相同，所以同一主族的元素表现出相似的化学性质。

碱金属（除钫外）与水反应时，都会释放氢气且产生热量。元素在第ⅠA族中的位置越靠下，反应就越剧烈。

第ⅠA族的元素（除氢元素外）被称为碱金属元素，它们具有相似的性质，在我们的生活、生产中有着多种多样的用途。

名人堂

玛格丽特·凯瑟琳·佩里
Margeurite Catherine Perey
1909—1975

1939 年，佩里在研究放射性元素时发现了一个可以填补门捷列夫周期表中空缺的第 87 号元素。根据她的祖国（法国）的名字，佩里将这个元素命名为"钫（francium）"。钫是最后一个被发现的天然存在的元素。

碱金属元素

碱金属元素包括锂、钠、钾、铷、铯，以及具有放射性的钫。它们的单质是有光泽的金属，质地很软，甚至可以用刀片切割。碱金属的化学性质十分活泼，很容易与其他化学物质发生反应，第ⅠA族中下方的元素所形成的金属单质比上方的元素所形成的金属单质更加活泼。它们与水反应会释放热量。它们与一些非金属单质反应会形成白色的可溶于水的盐。例如，钠与氯气反应生成氯化钠，也就是我们常用于食物调味的食盐。

碱金属会与空气中的氧气发生反应，生成金属氧化物。钠的新切口是银白色的，但是切口处的钠会迅速与氧气反应，在短时间内变暗。钾在氧气中的反应速度更快。

由于具有极强的活泼性，碱金属具有一定的危险性，铷和铯与水反应甚至会引起爆炸。

钾与水的反应非常剧烈，会迅速产生氢气。产生的氢气燃烧时会发出明亮的火焰，且迸发出火花，甚至可能产生小规模的爆炸。

与钾相比，锂和钠与水的反应较为温和。它们与水接触时，会在水面上迅速游动，直到被完全消耗。

你知道吗 铯原子钟是截至目前世界上最准确的时钟，一些铯原子钟的精度可达 10^{-12} s。

氢元素

宇宙大爆炸后，最早形成的原子是氢原子和氦原子。氢原子是最小的原子，只有1个质子、1个电子。氢元素十分独特，虽然在元素周期表中通常将氢元素放在第ⅠA族的顶部，但它的性质与第ⅠA族中其他的有光泽的柔软的碱金属完全不同。

活泼的氢气

氢气是一种无色、无味、无毒的气体，地球上很少有完全纯净的氢气。氢气也是密度最小的气体，常被用作气象探测气球的填充气体，进行高空科学探测。氢气燃烧时产生水和能量，与氧气混合容易爆炸。氢气如此活泼是因为它很容易得到电子，也很容易失去电子。

氢气必须通过增压或液化才能进行储存和运输。当氢气冷却至−253 ℃时，气态氢气转化为液体，液化氢气的成本很高且具有危险性。液态氢气的储存和使用都需要有特殊的设备和安全措施，以确保安全性，避免氢气泄漏引起爆炸。

你知道吗？一些航天飞行器的外部油箱会携带超过180万升的液氧和液氢。

重要的氢元素

氢元素在地球上扮演着十分重要的角色。我们赖以生存的水是由氢元素和氧元素组成的。构成生物的有机物是由氢元素、碳元素等元素结合形成的。作为燃料的汽油和天然气中也有氢元素。不仅如此，纯净的氢气也可以用作汽车和飞机的可再生清洁燃料。自20世纪50年代以来，氢气还作为火箭燃料被广泛使用，为我们开启了太空探索的大门。

你知道吗　氢元素是宇宙中含量最多的元素，它占据了宇宙中物质总质量的70%以上。

早期的化学家被人们称为炼金术士，帕拉塞尔苏斯便是其中的一位。他是率先将水银、硫磺等化学物质应用于药物的人。他在实验中发现有毒物质在特定的剂量下也可以用于治疗。据说，帕拉塞尔苏斯在偶然间发现了氢气的存在，他观察到将铁屑放入硫酸中会产生一种可以燃烧的气体。

现在我们需要像氢能一样的清洁能源，以减少对化石燃料的依赖。化石燃料的使用对全球环境和气候产生了巨大的影响，并且它们迟早会被耗尽。

随着氢能源汽车的不断发展，一些加油站也配备了充氢的装置。

氢气被压缩储存在车辆的燃料箱中。它被输送到燃料电池中与氧气反应，产生的能量可以转化为电能。

氢能源产生的电能驱动汽车运转，生成的产物只有水，有助于减少污染性气体的排放。

碱土金属元素

碱土金属元素是周期表中第ⅡA族（第二主族）的元素，包括铍、镁、钙、锶、钡和镭。它们的原子的最外层都有 2 个电子，化学性质活泼，容易发生化学反应，但不如第ⅠA族的碱金属元素的化学性质活泼。

递增的活泼性

与碱金属类似，碱土金属呈银白色或灰色。从铍到镭，碱土金属的活泼性逐渐增强。在第ⅡA族的最上端，铍元素的活泼性最弱，它的单质即使加热至红热，也不与水或水蒸气发生反应。镁元素位于铍元素的下一周期，它的单质与冷水反应会有少量的气泡产生，而水与钙、锶和钡的反应则越来越剧烈。

镁元素有助于我们体内的多种酶发挥作用，因此摄入富含镁元素的食物对我们的身体健康非常重要。

由于铍和镁的密度相对较小，经常被添加在制造飞机或汽车的金属合金中。钡的化合物常用于医学影像，例如通过 X 射线来帮助医生观察和诊断患者身体内部的情况。

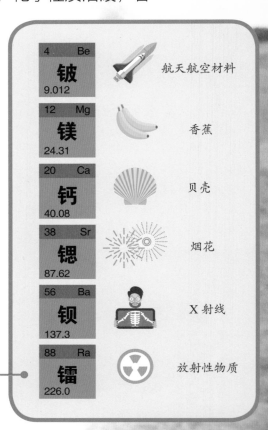

4 Be 铍 9.012		航天航空材料
12 Mg 镁 24.31		香蕉
20 Ca 钙 40.08		贝壳
38 Sr 锶 87.62		烟花
56 Ba 钡 137.3		X 射线
88 Ra 镭 226.0		放射性物质

抗酸药物

碱土金属因其化合物与水反应产生的溶液呈碱性（pH 大于 7，详见第 74～75 页）而得名。氢氧化镁 [$Mg(OH)_2$] 的悬浊液能中和胃酸，所以常被用作抗酸药物来缓解胃酸过多引起的胃病。

 你知道吗

20 世纪 60 年代以前，人们使用的床头钟的指针上可能会涂有含有放射性镭的夜光涂料。

碱土金属元素非常活泼，因此它们一般只能以化合物的形式存在于自然界中。翡翠绿宝石中含有铍的化合物，其中少量的铬元素会使宝石呈现绿色。

海蜗牛的壳的主要成分是碳酸钙。其他无脊椎动物，如珊瑚和螃蟹，也会形成钙的化合物来构建自身具有保护性的骨骼。

钙元素是几乎所有生物所必需的元素。人类属于脊椎动物，我们坚固的骨骼和牙齿的主要成分都是钙的化合物。组成骨骼的主要成分是磷酸钙。

像二氧化硫这样的污染物会导致酸雨。酸雨会软化海洋生物的骨骼和外壳，也会对陆地生物造成伤害。

名人堂

伊莎贝拉·科特斯
Isabella Cortese
16 世纪

科特斯是一位十分热爱旅行的意大利早期化学家，她于 1561 年出版了一本关于化妆品配方的书籍，这本书讲述了如何料理家务、制作药品和化妆品，还讨论了如何将金属转化为黄金。这本书非常受欢迎，曾多次重印。

卤族元素

你有没有在游泳馆里闻到过一种奇怪的味道？这种味道其实来源于用来消毒杀菌的氯的化合物。氯元素是元素周期表第ⅦA族的非金属元素之一，该族还包括氟、溴和碘等元素，各类消毒剂中往往会含有这些元素。

游泳池的消毒剂在水中转化为次氯酸（HClO）和次氯酸根离子（ClO⁻）。

活泼的卤族元素

卤族元素（简称卤素）原子只需要再获得 1 个电子就能填满最外层，形成稳定结构，因此它们非常活泼。它们容易从其他原子中得到电子，从而成为阴离子（带负电的粒子）。该族的第一个元素氟的活泼性最强。氟原子较小，这意味着其原子核对其他原子的电子具有更强的吸引力，这使氟元素成为该族中活泼性最强的元素。由于氟气的活泼性极强，它甚至可以使钢丝球燃烧起来。

碘在加热时，可以不经过液态直接从固态转变为紫色气体，这个过程被称为升华。

名人堂

亨利·阿伦·希尔
Henry Aaron Hill
1915—1979

希尔在麻省理工学院（MIT）取得了博士学位，并曾担任美国化学会的主席。他研发了一种用于制造含氟塑料的化合物，还成立了一个生产塑料原料的化学品公司。此外，他还创立了自己的实验室，提供有关高分子化学的研究和咨询服务。

 你知道吗

一个成年人体内的含氟量是 2～3 g。牙膏中添加的氟的化合物可以帮助我们预防蛀牙。

当人体的碘摄入量不足时，可能会导致甲状腺肿大。带状的海藻（海带）能够富集海水中的碘元素，因此食用海带可以补充碘元素。

次氯酸和次氯酸盐可以杀灭那些引起胃部和耳部感染的细菌和微生物。

含氯的化合物会对我们的皮肤产生刺激，次氯酸盐会导致织物褪色，所以离开泳池后，记得要仔细冲洗身体和泳衣！

聚四氟乙烯（PTFE）于1938年被偶然发现，它是一种由碳元素和氟元素组成的聚合物，因为其摩擦系数极低，被用于制作不粘锅的涂层。

卤素单质的毒性

由卤素组成的单质往往是有毒的，且带有刺激性气味。它们的原子可以成对结合，形成含有两个相同原子的分子，但在自然界中并不存在卤素单质，它们常常以化合物的形式存在于岩石和海洋中。卤素与金属反应生成的盐被称为金属卤化物，比如氯化钠（食盐）。卤素的化学性质相似，但它们所形成的单质的物理性质却不同。氟元素和氯元素的单质是黄绿色的气体，溴单质是深红棕色的液体，碘单质则是紫黑色的固体。

稀有气体元素

元素周期表中的最后一列是 0 族元素，包括氦、氖、氩、氪、氙等元素。由于它们在空气中的含量很少，所以也被称为稀有气体元素。稀有气体无色、无味。除了氡具有放射性外，其余的稀有气体都有较高的安全性。

惰性气体

因为 0 族元素形成的气体单质不易与其他物质发生反应形成化合物，所以由 0 族元素形成的气体单质也被称为惰性气体（或稀有气体）。0 族元素的原子的最外层是填满的，这就意味着它不需要得到、失去或与其他原子共用电子来形成化学键，因此惰性气体通常以单个原子的形式存在。

氩气被用作焊接金属的保护气体。焊接设备在金属熔化时会在其周围释放氩气，以防止金属与空气中的氧气和水发生反应。

霓虹灯中装有填充低压气体的玻璃管。填充不同的稀有气体会使霓虹灯发出不同颜色的灯光，比如填充氖气的霓虹灯会发出红色的光。

名人堂

玛丽·居里
Marie Curie
1867—1934

波兰科学家玛丽·居里和她的丈夫皮埃尔·居里（Pierre Curie）从沥青铀矿中分离出了镭元素和钋元素。他们观察到镭在放射性衰变过程中会释放出一种气体。另一位科学家弗里德里克·多恩（Friedrich Dorn）也观察到了这种新的放射性气体，后来该气体被命名为氡气。1903 年，居里夫妇因对放射性物质的研究获得了诺贝尔奖，玛丽·居里在 1911 年又获得了她的第二个诺贝尔奖。

氦气和氖气

氦气和氖气是常见的惰性气体。氦气的密度比空气的小，经常用来填充气球，它也是航天器和一些先进的研究设备（如大型强子对撞机）中的重要冷却剂。氖气在电气设备中也被用作冷却剂。当电流通过氖气时，它会发出红色的光芒，一些发出红光的广告牌中使用的气体就是氖气。此外，商店中的条形码扫描器会使用氦—氖激光器识别条形码。

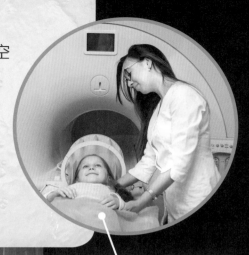

激发态的电子会以光的形式释放能量。不同的稀有气体的原子发射出不同波长的光，这就是为什么它们会产生不同的颜色的光。

核磁共振成像扫描仪是一种用于医学影像成像的医用设备，氦气被用于冷却这种设备中的磁铁。

当电流通过气体时，会给气体原子中的电子提供能量，从而产生明亮的色彩。

老式的白炽灯泡通过加热钨丝来发光。它的内部充满了氩气，这有助于降低钨丝蒸发的速率，从而延长灯泡的使用寿命。

你知道吗　核反应堆会释放氪气。人们曾通过勘测氪-85 的浓度来追踪秘密研制核武器的活动。

53

金属元素

金属具有硬度大、密度高、可塑性强（可以被塑形）的特点，也是良好的导体，一般具有较高的熔点和沸点。较活泼的金属可以与氧气反应生成金属氧化物，与酸反应生成氢气和一类叫作盐的化合物。在化学反应中，金属会失去电子形成阳离子（带正电的粒子）。

过渡金属元素和后过渡金属元素

过渡金属元素占据周期表的中间部分，它们所形成的金属单质被认为是"典型"的金属，往往具有坚硬、密度大的性质，且具有金属光泽。它们的活泼性一般比碱金属元素和碱土金属元素弱。过渡金属中的铁具有磁性，铁合金（混合物）也具有磁性。后过渡金属通常较柔软，并具有较低的熔点。

金属之所以是电的良导体，归功于其中的金属键。金属中，金属原子的最外层电子受到的束缚较弱，因此这些电子可以在金属内部自由移动并携带电荷进行传导。

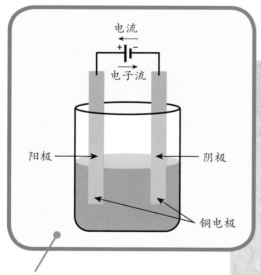

电解可将金属从溶解或熔融的化合物中分离出来。上图中，电流将铜（Cu）从硫酸铜溶液中分离出来。

金属分离

大部分金属元素以金属氧化物和其他化合物的形式存在于矿石中。我们可以通过电解等方法将金属从化合物中分离出来。一些金属，包括锌、铁和铜，能被碳从化合物中还原出来。碳是一种非金属，它可以将金属从金属氧化物中置换出来，从而得到纯净的金属。

贾比尔·伊本·哈扬
Jabir Ibn Hayyan
约 721—815

贾比尔出生于伊朗，他被人们誉为阿拉伯地区的"化学之父"。他促进了化学实验技术和物质分析方法的发展，对化学理论和现代药学都产生了重要的影响。据说，他撰写了数百部有关化学的著作，其中包括制造合金、提纯和检测金属的方法。

工业分拣爪可以利用磁铁将磁性金属（如钢铁）与非磁性材料（如铝和塑料）分开。

所有使用过的金属都应该被回收处理，以避免浪费，并降低开采新矿石的需求。如果废弃的金属能先被分类和分离，金属的回收和利用就很容易了。

通常情况下，合金比纯金属的用途更广。钢是铁、碳和其他元素的合金，它的硬度比铁更大，常常被用于汽车的制造和建筑物的修建。

不锈钢之所以不易被腐蚀和生锈，是因为它在制造过程中被添加了铬元素。

你知道吗 金属铋具有反磁性。因此，当一个磁铁被放置在上下两块铋金属块之间时，磁铁将会悬浮在它们的中间。

非金属和半金属元素

非金属元素的数量并不多，但它们对生命体至关重要，例如构建生命细胞的碳元素，组成氧气的氧元素等。元素周期表中，金属元素占据了大部分的位置而非金属元素主要集中在元素周期表的右侧。在金属元素和非金属元素分界线附近的是半金属元素，也被称为准金属元素。

半导体

半金属在一定条件下能导电，可以用来制造半导体。硅像金属一样有金属光泽和高熔点，但又像非金属一样，密度较低且具有脆性。在适当的条件下，它可以导电。硅是我们制造电子设备的关键材料。纯硅晶体因为电子被束缚住而无法导电，但是加入杂质（例如砷）后，就可以导电了，这个过程叫作掺杂。

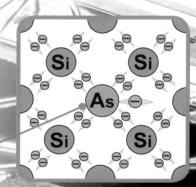

用砷掺杂硅可以带来额外的自由电子，这些电子带负电荷。用铟掺杂硅可以产生电子缺失的空穴，电子会流入这些空穴，电子原来的位置会产生新的空穴，看起来就像空穴会随着电子的流动而移动。将这两种类型的掺杂结合使用就可以制作开关。

名人堂

埃丝特·康韦尔
Esther Conwell
1922—2014

康韦尔是一位美国化学家和物理学家。她详细阐述了在康韦尔–韦斯科夫理论中，电子是如何在半导体中流动的。她的研究不仅促进了计算机的发展，也推动了电子设备的进步。她于1997年获得了爱迪生奖章，2009年获得了美国国家科学奖章。

 你知道吗

1965 年，戈登·摩尔（Gordon Moore）准确地预测到，安装在硅芯片上的晶体管数量每 18～24 个月就会翻倍。

从手机到太阳能电池板，几乎所有的电子设备中都要用到硅芯片。

成千上万个晶体管被安装在一块叫作芯片或集成电路的硅片上，大小仅相当于婴儿的指甲。这些组件由微小的导线连接。

掺杂硅被用于制造计算机中的电子开关。这种电子开关被称为晶体管。

微处理器是刻在芯片上的微小处理单元。它们按照指令执行操作并做出决策，以使计算机发挥其功能。

印度尼西亚的卡瓦伊真火山存在着大量的硫磺，燃烧时会喷发出壮观的蓝色火焰，在这个过程中，硫与氧气反应，生成了二氧化硫。

非金属元素

非金属元素包括氢、碳、氮、氧、磷、硫等元素。非金属元素形成的单质在外观和性质上与金属相比有很多不同之处：非金属元素形成的单质通常密度较低，易断裂，不易塑形，不能导热或导电，熔点和沸点较低，不具有金属光泽，而且它们几乎没有磁性。

有机物与无机物

碳原子能与其他原子构成许多物质。含碳的化合物被称为有机物（除少数简单含碳化合物，如 CO、碳酸盐等），除有机物外的其他物质则被称为无机物。有机化学主要研究有机物的结构、性质和应用等。随着碳链上原子数量的增加，有机物分子逐渐变得更长，结构也变得更多样，进而形成一系列性质不同的化学物质。大部分组成生物体的有机物分子除了含有碳原子外，还含有其他原子，如氮、氧原子等。

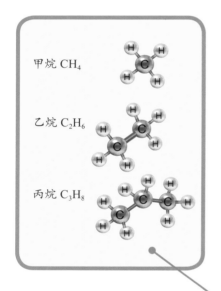

甲烷 CH_4

乙烷 C_2H_6

丙烷 C_3H_8

烃

只由碳原子和氢原子构成的有机物被称为烃。碳原子能与其他原子形成 4 个键，而氢原子只能与其他原子形成 1 个键。因此，最简单的烃是 1 个碳原子通过 4 个单键连接 4 个氢原子，即甲烷（CH_4）。甲烷是一种烷烃，即碳原子之间仅以碳碳单键结合成链状的烃。烷烃是优质的燃料，它们在氧气中燃烧产生二氧化碳、水和能量。我们可以根据烷烃的结构预测它们的性质，比如，随着烷烃中碳原子数量的增加，沸点会变得更高。

甲烷、乙烷和丙烷都是烷烃。每个分子比前一个增加 1 个碳原子和 2 个氢原子，逐渐构建出更长的链状结构。

名人堂

圣埃尔莫·布雷迪
St. Elmo Brady
1884—1966

布雷迪是美国的一位化学家。他研究了羧酸（由碳、氢和氧原子按特殊排列顺序构成的分子）的分子结构与酸性之间的关系，还改进了有机酸的制备和提纯的方法。

  你知道吗　据估计，全球牛群排放的甲烷总量约占全球总量的 $\frac{1}{3}$。甲烷是温室气体，对气候变化有显著影响，因此减少畜牧业的甲烷排放是当前研究的重点。

聚合物分子将单体像项链一样"串"起来，形成具有重复结构单元的大分子化合物。

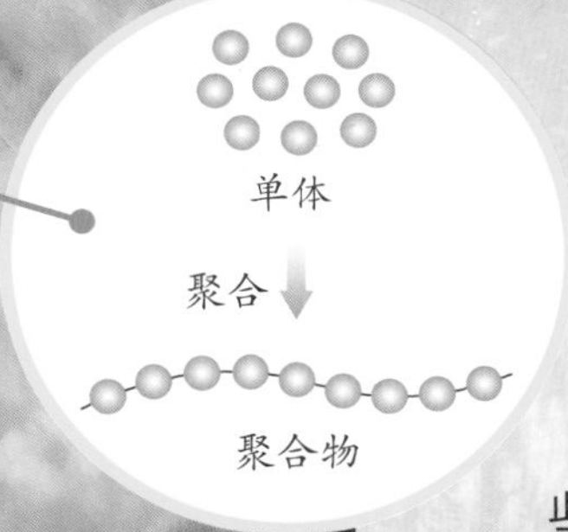

单体

聚合

聚合物

单体和聚合物

聚合物是由许多单体小分子互相连接构成的具有重复结构单元的大分子。大多数聚合物都是有机物，有些聚合物是天然的，有些是人工合成的。塑料就是一种人工合成的聚合物。聚氯乙烯（PVC）是由氯乙烯单体连接在一起构成的长链分子，它由碳原子、氢原子和氯原子构成，是强度较大的塑料。天然聚合物有脂肪、淀粉、蛋白质、羊毛等。核酸是一种携带遗传信息的天然的聚合物，它具有复杂的结构。

塑料是由从化石燃料中提取的化学物质制成的有机聚合物。塑料瓶是由聚合物［如聚对苯二甲酸乙二醇酯（PET）等］制成的，具有轻巧、柔软且易于塑形的特性。

玻璃瓶是由无机材料二氧化硅（SiO_2）制成的，是一种透明、坚硬、易碎的物质。

我们应合理使用无机材料（如玻璃和金属）和有机材料（如塑料、纸张和纸板）。尽可能重复使用，或进行回收处理。

放射性元素

不同元素的原子有不同数量的质子，因此我们可以根据质子的数量来判断元素的种类。但是，同一种元素的不同同位素的中子数量是不同的。当一个同位素含有超出常规数量的中子时，它将变得不稳定并发生衰变，在此过程中，它会释放粒子和射线。

半衰期

当放射性同位素衰变时，它们的原子核会释放出 α 射线（氦离子流）、β 粒子（电子流）和 γ 射线（电磁波）。这会改变亚原子粒子的数量，也就是说放射性元素会转变成其他元素。不同放射性同位素的衰变速率不同。放射性同位素的半衰期是指它的原子核有半数发生衰变时所需要的时间。^{222}Rn 的半衰期约为四天。

核辐射对生物细胞有害，因此可用于杀灭食物和医疗设备上的细菌，或者杀灭癌症患者体内的受损细胞。

通过碳定年法可以确定史前洞穴壁画中使用的植物和动物颜料的年代。碳定年法的测定范围约为 5.5 万年，而其他放射性同位素则可用于测定更古老的化石。

碳定年法

大气层中游离的中子（不在原子核中）与空气中的氮原子碰撞时，氮原子获得一个中子并释放一个质子，从而变成一个 ^{14}C。^{14}C 成为二氧化碳分子的一部分，并通过植物进入食物链。^{14}C 具有微弱的放射性。所有生物体都含有一定比例的 ^{14}C，当它们死亡时，这些 ^{14}C 会缓慢地衰变为氮原子，^{14}C 的半衰期约为 5 730 年。通过测定剩下的 ^{14}C 的含量可以确定已经死亡的生物的年代，这就是碳定年法。

一个中子可以分裂成一个带正电的质子和一个电子，所以 β 射线中的电子来自原子核，而不是原子核外的电子层。

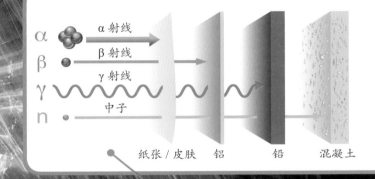

不同类型的射线或粒子流在传播过程中会被不同的物体阻挡——纸张或皮肤可以阻挡 α 射线，铝可以阻挡 β 射线，而 γ 射线则会被铅所阻挡。

在核裂变反应堆中，中子轰击重元素的原子使其原子核分裂。核裂变过程中释放出更多的中子，产生的中子使更多原子核分裂，这个过程中产生的大量能量可以被转化为电能。

盖革计数器是一种专门用于测量辐射的仪器，它通过测量由辐射引起的电脉冲信号来确定辐射的强弱。辐射的活度大小可以用贝克勒尔这个单位来度量。

? 你知道吗   地球的背景辐射会导致细胞内的基因发生变化，从而推动自然进化。

化学侦探

宇宙中的所有物质都由元素组成。元素可以组合成化合物，不同化合物混合在一起又得到混合物。而纯净的化学物质只包含一种单质或一种化合物。化学家就像侦探一样，他们通过实验来探究化学物质的组成，检验物质是否纯净。

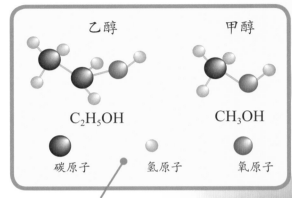

乙醇   甲醇

C_2H_5OH CH_3OH

碳原子   氢原子   氧原子

纯净的乙醇的沸点约为 78 ℃，纯净的甲醇的沸点约为 65 ℃。

熔点和沸点

随着温度的变化，物质的状态会发生改变（例如从固态变为液态）。纯净的化学物质有固定的熔点和沸点。当温度达到它们的熔点或沸点时，它们的状态就会发生改变。如果向一种化学物质中加入其他杂质，那么它的熔点和沸点往往会发生变化。因此，可用比较其沸点的方法判断化学物质是否纯净。

标准大气压下，纯净的水的凝固点是 0 ℃。含有杂质的水的凝固点比纯净的水的低，所以在结冰的道路上撒盐可以使冰融化。

名人堂

玛丽·默尔德拉克
Marie Meurdrac
1610—1680

默尔德拉克是一位法国早期化学家，她著有《简易妙用的化学指南（女性篇）》一书。这本书意味着早期化学家的研究方向正逐渐向现代化学转变。书中包含化妆品和药物的配方，还提供了一些能够帮助贫民的低成本疗法。

实验探究的步骤

科学家在进行任何实验时，都会遵循正确的实验探究步骤。一般来说，他们会先制定实验方案并对可能会得到的结果进行假设，再进行实验。实验中，为确保实验的有效性，他们会控制一些实验条件不变，还会小心翼翼地进行测量，避免产生误差，并重复实验以确保结果的可靠性。实验结束后，他们会在实验结论中详细记录实验中的发现。

读数时，应将玻璃温度计置于与眼睛相平的位置，以避免因俯视或仰视造成误读。

矿泉水（或自来水）不是纯净物，因为其中溶解了其他的杂质。这些杂质导致矿泉水的沸点比纯水的沸点高。

数字温度计使用时更加安全，且测量结果更准确。

一个水分子是由一个氧原子和两个氢原子构成的。在标准大气压下，蒸馏（纯净）水的沸点是 100 ℃。

你知道吗 氦气是沸点最低的单质。在标准大气压下，它能在-269 ℃的低温下从气体转变为液体。

色谱法

色谱法是一种常用的化学分析方法。它利用"固定相"（如纸张）和"流动相"（如在纸张上流动的液体）将样品溶液中不同的物质分离开来，以此确定样品溶液中物质的成分。被分离的物质所形成的图案叫作色谱图。

色谱图的制作方法很简单，只需要记号笔和滤纸条即可。成分不同的墨水会形成不同的色谱图。

纸色谱法

纸色谱法利用具有吸水性的纸来分离有色溶液中的成分，如油墨或染料。将带有墨点的纸放置在盛有水的烧杯中，并使墨点位于水位线之上，我们可以观察到水沿着纸向上流动，同时带动墨点一起向上流动。墨点中的一些成分可能比其他成分在纸上"走"得更远，最终在原始墨点上方的不同位置留下不同颜色的图案。

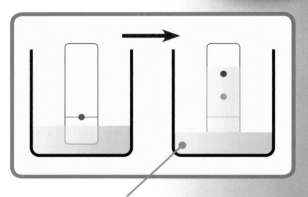

有两种成分的染料会形成这样的色谱图。当样品中只有一种物质时，那么会形成只有一种颜色的图案。

气相色谱法还可用于分析运动员的尿液样本，以检测运动员是否使用了违禁药物。

气相色谱法

气相色谱法是一种用于分离复杂混合物的有效方法。在气相色谱中，被称为"流动相"的气体（如氦气）通过装有"固定相"（如二氧化硅固体）的色谱柱，样品随着气体沿着色谱柱移动，由于不同物质移动的速度不同，这些成分就逐渐被分离开来。通过计算机，我们可以得到气相色谱图，分析这张色谱图即可知道样品中存在的物质及其含量。

用记号笔在每张滤纸条的一端画一条线，当滤纸条在水中被浸湿后，记号笔墨水中的成分会向上流动，形成不同颜色的图案。

图案相似的滤纸条表明它们是用同样的记号笔标记的。你能找到哪两张使用了相同的记号笔标记吗？

名人堂

埃里卡·克里默
Erika Cremer
1900—1996

克里默是一位德国化学家，她在 1944 年就提出了气相色谱法的概念，并使用固定相和流动相分离混合物。

你知道吗

考古学家通过色谱法发现：至少在 6 000 年前，生活在秘鲁的人们就开始制备靛蓝染料了。如今这种染料仍被我们用于蓝色牛仔裤的染色。

晶体

大多数固体中的原子、离子或分子都以规则的、重复的方式整齐地排列着，形成了一种被称为晶格的结构，这种有序的排列赋予了晶体一定的形状。晶体不仅创造了令人惊叹的自然奇观，也使化学变得更有趣！

"生长"的晶体

将一根线悬挂在盐的饱和溶液中，你会发现这根线上会长出盐晶体。线吸收了盐水，盐水中的水则蒸发到空气中，留下从溶液中析出的盐晶体。晶体就是以这种方式"生长"的。熔化的固体冷却时也会形成晶体，如火山岩浆。然而，我们难以在实验室中培育金刚石这种晶体，这是因为实验室中难以模拟地下形成金刚石所需的高温、高压条件。

加热硫，使其熔化为褐色液体，再将其放入冰水中迅速冷却。冷却过程中，硫先变成一种有弹性的棕色固体，再变成黄色的针状晶体。

用放大镜观察盐粒，你会看到有直边和直角的立方晶体，这是因为钠离子和氯离子是按立方体的结构排列的。

名人堂

简·马塞特
Jane Marcet
1769—1858

马塞特是一位英国作家，她写了一系列给女性阅读的教材。针对女性读者群体，她写了一本名为《化学谈话》的早期科学教科书，旨在通过对话的方式教授化学知识。选择对话这种形式是因为她发现传统的公开讲座很难理解。马塞特的书籍使更多人接触到了化学。

 你知道吗

目前，世界上最大的人造蓝宝石晶体的质量超过 400 kg，与两台自动售货机的质量相当。

加热会使蓝色的硫酸铜晶体失去结晶水变为白色，再次加入水则会使其重新变回蓝色。

结晶水合物

　　一些晶体含有结晶水。这些晶体看起来是干燥的固体，但实际上它们的结构中有水分子。例如，硫酸铜晶体（$CuSO_4 \cdot 5H_2O$）中，每个"$CuSO_4$"附着有 5 个"H_2O"，化学式中的"·"用于表示这种特殊的结合方式。当我们加热硫酸铜晶体时，晶体会失去水分子，留下不含水分子的硫酸铜。

单斜硫在火山附近自然形成，但它会逐渐转变为正交硫。

在实验室中，当我们将硫粉熔化后，随着温度的缓慢下降，可以看到有黄色晶体形成，进一步冷却后，可以观察到其形状也发生了改变。

检测试剂

食物中通常含有碳水化合物、脂肪、维生素和蛋白质等物质。我们可以使用特定的试剂来检测食物中的不同成分，这样就能了解食物的组成。这种检测的操作一般都很简单，只需要向食物样品中加入试剂，再观察现象就可以了。

突如其来的浑浊和消失的蓝色

油脂是油和脂肪的统称，我们可以通过乳化试验来检测油脂。具体操作是将乙醇加入装有食物样品的试管中，并用力摇晃，然后缓慢倒入水中。如果有油脂存在，那么液体会变浑浊。

如果想要检测食物中的维生素 C，那么可以使用深蓝色的二氯酚靛酚（DCPIP）溶液。将样品逐滴加入 DCPIP 溶液中，边滴加边摇晃。如果存在维生素 C，那么蓝色会消失。

电子恒温水浴锅可以将样品加热到设定的温度，同时确保不会过热。另外，水浴装置也有同样的效果。

多变的颜色

班氏试剂和双缩脲试剂都是蓝色的溶液。班氏试剂主要用于检测葡萄糖等糖类物质。将班氏试剂加入样品中，然后在水浴中缓慢加热，如果样品中含有糖类物质，那么液体的颜色会产生变化。

双缩脲试剂由硫酸铜、氢氧化钠等物质配制而成，它可以用于检测蛋白质。将双缩脲试剂加入食品样品中，如果样品中存在蛋白质，那么溶液会从蓝色变为紫色。

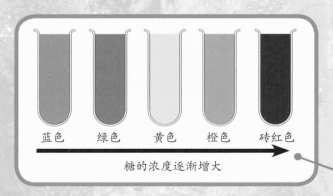

蓝色　绿色　黄色　橙色　砖红色

糖的浓度逐渐增大

当样品中含有糖时，班氏试剂会由蓝色变为绿色，随着糖的浓度的增大，试剂可能变成黄色或橙色，如果糖含量很高，那么可能会变成砖红色。

你知道吗

如果一个胡萝卜爱好者每天吃 10 根胡萝卜，那么他的手掌可能会变成橙色，这是因为摄入了过多的 β-胡萝卜素。

通常，我们用碘溶液检测淀粉。碘溶液一般呈黄褐色。如果样品中存在淀粉，那么溶液会变为蓝黑色。

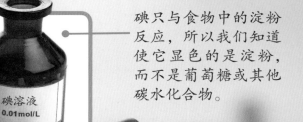

碘只与食物中的淀粉反应，所以我们知道使它显色的是淀粉，而不是葡萄糖或其他碳水化合物。

碘溶液
0.01mol/L

淀粉是一种重要的碳水化合物，是我们能量的重要来源。它主要存在于面食、谷物和土豆等食物中。

名人堂

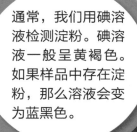

罗伯特·波义耳

Robert Boyle

1627—1691

波义耳是一位出生于爱尔兰的著名科学家，他是首批进行对照实验并将实验方法、所用仪器和观察结果完整公开的科学家。他的成就之一是波义耳定律，这是关于理想气体体积与压强之间关系的重要定律。

此外，波义耳还发明了许多标准的化学检验方法，其中包括用石蕊试剂检测物质的酸碱性等。

酸与碱

pH 可以用来比较溶液酸碱性的强弱。pH 小于 7 的溶液呈酸性，pH 大于 7 的溶液呈碱性，pH 越小，酸性越强。胃酸就是一种酸性溶液，其 pH 在 1 左右，它在我们消化食物的过程中起着重要的作用。酸与碱的 pH 落在 pH 量表的两端，强酸或强碱溶液会对一些物质或生物组织造成破坏。

pH 的范围通常为 0～14，pH=7 的液体是中性液体。水通常呈中性，即常温下，水的 pH=7，因此水不显酸性，也不显碱性。

指示剂

酸的酸性越强，它的危险性和破坏性就越大。化学家通过指示剂的颜色变化来检测溶液的酸碱性。通常，紫色石蕊试纸可用于检测溶液的酸碱性。当溶液呈酸性时，试纸变红；当溶液呈碱性时，试纸变蓝。通用指示剂对酸性（或碱性）强弱不同的酸（或碱）会呈现出不同的颜色，所以我们可以用它来判断溶液的酸碱性强弱。使用时，我们可以将待测液滴在含有指示剂的试纸上，也可以将指示剂直接滴入待测液中。

将待测液滴加到试纸上后，试纸会显示出能够与 pH 量表相对应的颜色，对照比色卡可以得知溶液的 pH。

滴定法是一种常用的化学方法，可以定量测定酸的浓度或碱的浓度。我们可以将酸（或碱）溶液缓慢滴加到待测液中，直至指示剂表明溶液呈中性，再根据消耗的酸（或碱）溶液的体积求出待测液的浓度。

酸碱中和

酸和碱可以发生中和反应，生成盐（一种化合物）和水，生成的水的 pH 为 7（中性）。例如，盐酸和氢氧化钠反应生成氯化钠（食盐）。但并不是所有的"盐"都指食盐，例如，硫酸和氢氧化铜反应生成硫酸铜，硫酸铜也是一种盐。

醋是一种含有醋酸的溶液，pH在 2～3 之间。如果你将熟鸡蛋浸泡在醋中一天，那么醋会溶解蛋壳，留下一个有弹性的蛋。

pH 实际上代表氢离子浓度。酸溶解在水中产生带正电荷的氢离子（H⁺），氢离子浓度越高，溶液的酸性就越强。

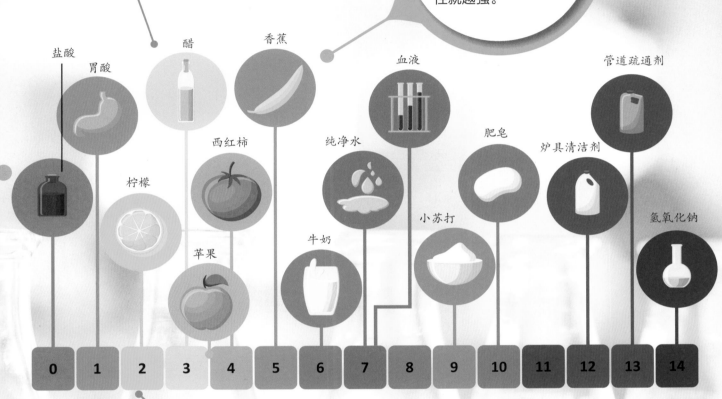

盐酸

胃酸

醋

香蕉

血液

管道疏通剂

西红柿

纯净水

肥皂

炉具清洁剂

柠檬

小苏打

氢氧化钠

苹果

牛奶

0	1	2	3	4	5	6	7	8	9	10	11	12	13	14

柑橘类水果如柠檬和橙子中含有柠檬酸，它们可能会损坏牙釉质，所以建议与其他食物一起食用。同时，食用后最好能及时漱口或刷牙，减少酸性残留物对牙齿的侵蚀。

名人堂

索伦·索伦森
Soren Sorensen
1868—1939

丹麦科学家索伦森是位于哥本哈根的嘉士伯实验室的化学部负责人。他与妻子玛格丽特（Margrethe）一起研究了离子浓度对蛋白质分析的影响，并发现一些酶在特定的酸碱水平下具有最佳的活性。1909 年，他提出了 pH 的概念，提供了一种衡量溶液酸碱性强弱的简便方法。

你知道吗 雨水的 pH 约为 6，但被污染的（酸性）雨水的 pH 可能是 3 或更低，与柠檬的酸性差不多。

与酸相关的反应

酸的 pH 都小于 7。它们具有腐蚀性，会腐蚀皮肤或物品，甚至能溶解金属。因此在进行与酸相关的实验时，一定要遵循安全规范并佩戴护目镜。

酸与金属的反应

酸与活泼金属反应生成盐（金属化合物）和氢气，例如，硫酸和锌反应得到硫酸锌和氢气。也就是说，金属能从酸溶液中置换出氢气，这些反应可以用下面的文字表达式描述。

$$酸 + 金属 → 盐 + 氢气$$

铁位于金属活动性顺序的中间位置，能与稀盐酸反应，但反应并不剧烈。

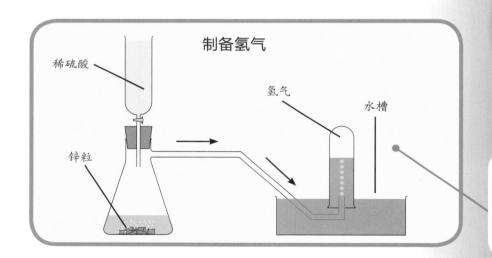

制备氢气

稀硫酸

锌粒

氢气

水槽

酸和金属在气密性良好的装置中反应，生成的氢气通过导管和水，最终被收集在试管中。

名人堂

亨利·卡文迪许

Henry Cavendish

1731—1810

卡文迪许是一位英国物理学家和化学家，他是第一个通过实验计算出地球的质量的科学家，其计算结果非常接近现代的测量值。他还研究了金属和酸反应时产生的气体（氢气）的性质。

 你知道吗 科学家结合数学方法和物理学理论，计算出地球的质量约为 6 000 000 000 000 000 000 000 000 kg。

将点燃的火柴或燃烧的木棒放在试管口可以检验氢气，你会听到氢气与氧气迅速反应产生的爆鸣声。

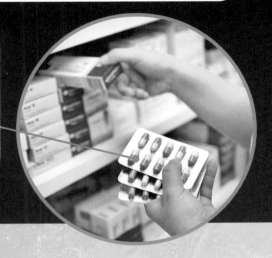

在肥料和药物中，硫酸锌被用作锌的补充剂。锌是一种微量元素，所有生物体都需要少量的锌元素。

酸与金属氧化物的反应

金属与氧气反应生成氧化物（仅由两种元素组成且其中一种是氧元素的化合物）。金属氧化物一般都是碱性氧化物，其中部分金属氧化物与水反应可生成碱，得到的碱与酸能发生中和反应。酸与金属氧化物反应产生盐和水。例如，硫酸和氧化锌反应生成硫酸锌和水。

金属活动性顺序按照金属活泼性由强到弱的顺序排列。最活泼的金属在稀酸中会直接爆炸，而最不活泼的金属与酸根本不发生反应，活泼性位于中间的金属会缓慢地反应，并产生小气泡。

在如图所示的实验中，铁钉上产生大量气泡（氢气），并发出嘶嘶的声音。随着反应的进行，铁钉逐渐被消耗，其体积也变得越来越小。

焰色试验

我们可以通过物质的燃烧学到很多化学知识！一些金属盐在高温下燃烧会产生五彩斑斓的火焰。这是因为金属盐含有金属元素，而不同的金属元素被灼烧时会产生不同颜色的火焰。

金属元素的焰色试验

本生灯是一种实验室中常用的小型气体燃烧器，可用于进行焰色试验，我们可以通过控制燃烧时本生灯的空气进入量的多少来调节火焰的温度。当空气进入量大时，会产生炽热的蓝色火焰，噪声很大，在某些背景下几乎看不见火焰的颜色。这种温度的火焰可以用来进行焰色试验。科学家可用铂丝蘸取少量金属盐的样品，然后将其放在本生灯的火焰中灼烧。不同金属元素在火焰中燃烧会展现出不同的色彩，其中锂元素、钠元素和钾元素的火焰颜色尤其惊艳。

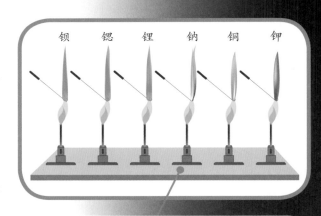

钡 锶 锂 钠 铜 钾

钡的焰色为黄绿色，锶和锂的焰色都接近红色，铜的焰色为蓝绿色，所以根据火焰的焰色可以快速确认相应的金属元素是否存在。

常见气体的鉴别

氧气、氢气和二氧化碳是实验室中常见的气体，它们通常是肉眼看不见的。用燃烧的火柴（或细长的木条）可以鉴别这些看不见的气体。将燃烧的火柴伸入装有氢气的试管中时，会发出爆鸣声，而放入装有二氧化碳的试管中则会熄灭。二氧化碳不助燃，因此被用于制造灭火器。

将一根带火星的木条伸入装有氧气的容器中时，木条会复燃。

  你知道吗

2020 年，一枚质量约为 1 270 kg 的烟花被燃放，它飞上了超过 1 000 m 的高空，这枚烟花的质量相当于两头成年牛的质量，刷新了最大烟花的世界纪录。

烟花中含有木炭、金属、金属盐、硝酸盐等。其中金属及金属盐用于产生绚丽多彩的颜色；硝酸盐被用作氧化剂，为燃烧提供氧气，使烟花燃烧得更加剧烈。

制作蓝色的烟花是非常困难的，因为铜盐在过高的温度下易分解。

通过调节本生灯侧面的进气口可以得到不同的火焰。当进气口完全打开时，产生温度非常高的明亮的蓝色火焰。

铝和镁被点燃时可以产生耀眼的白色火光和银色火花。

烟花制造商会将含有不同金属元素的物质混合在一起来生产五颜六色的烟花。锶盐和铜盐的混合物被灼烧时可以产生紫色火焰。

名人堂

李畋
Li Tian
7 世纪

李畋被广泛认为是中国花炮的始祖。相传，在公元 650 年左右，李畋将硫磺、硝石（天然存在的硝酸钾）等物质的混合物塞进竹筒中，这个竹筒在火中发生了爆炸，他据此发明了爆竹。他的发明被认为是现代烟花和爆竹的雏形。

75

电化学

电化学是化学的一个重要分支学科。当原子失去或获得电子后，会形成带电的离子，当带电粒子在电路中定向移动时，就形成了电流。一些反应需要通电才能进行，而一些反应能产生电流，这就是电化学所要研究的内容。

电解

电解是将电能转化为化学能的过程。它由电解质、阳极、阴极等部分组成。电解质是指在水溶液或熔融状态下能导电的化合物。当电流通过电解质溶液或熔融状态下的电解质时，阴、阳离子会被不同的电极吸引，向不同的方向移动，再分别在两个电极上发生反应，生成新的物质。例如，当对氯化钠溶液进行电解时，反应会生成氢气、氯气和氢氧化钠，这一反应在许多行业中都有广泛的应用。

负极（锌）　正极（铜）

柠檬电池之所以能点亮电灯泡，是因为柠檬中的柠檬酸起到了电解质的作用。它能够在电极之间传导电荷，让灯泡发光。

我们可以通过电镀的方法在钢的表面镀一层锌，这样可以有效防止钢生锈。

镀锌

在空气中，铁和钢会与氧气反应而逐渐被腐蚀，形成铁的氧化物，即铁锈。为了预防生锈，人们一般会对铁和钢进行电镀，即在它们的表面镀上一层保护性的锌。将物品"热浸"到熔融的锌中进行镀锌，可以得到厚而持久的保护层，而通过电解的方式进行镀锌的成本较低，得到的保护层较薄且光滑、亮丽，但相对来说没有那么耐用。

你知道吗　著名长篇小说《弗兰肯斯坦》中怪物这一角色，是作家玛丽·雪莱（Mary Shelley）受到了当时电化学相关的实验的启发而创作的。

在电镀的过程中，金属物品的表面会被覆盖上另一种金属。例如，电流通过硝酸银溶液（作为电解质）时，可以在色泽暗哑的镍制汤匙表面镀上一层明亮的银。

在国际空间站中，氧气能够再生并被循环使用。通过电解，水可以被分解成氢气和氧气，而氢气可以被回收并再次转化为水。这种循环系统确保了宇航员在太空中有充足的氧气。

电化学还可以用于处理宇航员在太空生活中产生的废物，从而使他们能够长时间执行太空任务。

名人堂

路易吉·伽伐尼
Luigi Galvani
1737—1798

伽伐尼是一位意大利科学家，同时也是一名医生。在进行实验时，他注意到一个奇怪的现象：当他用金属接触被解剖的青蛙时，青蛙的腿部会发生抽动。由此，伽伐尼认为动物体内存在"动物电"。受到伽伐尼的启发，亚历山德罗·伏特（Alessandro Volta）发明了电池，为了表示对伽伐尼的敬意，他创造了"galvanism"一词，意思是由化学反应产生的电。

光谱

太阳光看起来是无色的，但实际上是由不同颜色的光混合形成的。光能以波的形式传播，当我们观察到不同颜色的光时，实际上看到的是具有不同波长的波。其中，蓝光的波长比红光短。

吸收光谱和发射光谱

原子能够吸收和发射特定颜色的光。当非常炽热的物体（如恒星）产生的白光通过冷的气体时，气体中的原子会吸收特定颜色的光，这样就产生了吸收光谱。光被吸收的部分会留下黑色条纹。通过观察光谱中哪些颜色变成了黑色条纹，就可以确定气体中存在哪些原子。此外，炽热气体会产生少量的光，形成发射光谱，其中的颜色可以显示出气体中存在的原子。

当光通过透明物体（如雨滴或棱镜）时，其中不同波长的光在折射过程中分散，形成一道彩虹，彩虹也是光谱的一种类型。

吸收光谱和发射光谱可以作为识别原子的"指纹"。

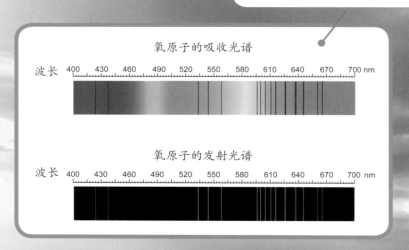

氧原子的吸收光谱

波长 400 430 460 490 520 550 580 610 640 670 700 nm

氧原子的发射光谱

波长 400 430 460 490 520 550 580 610 640 670 700 nm

名人堂

阿尔玛·勒旺·海登

Alma Levant Hayden

1927—1967

海登是一位美国化学家，她是光谱分析方面的专家。她领导了一个团队，负责分析"克力生物素（Krebiozen）"这种被宣传为"抗癌神药"的药品。然而，海登通过她的研究证明了它只是一种无效的伪劣药品。在 1963 年，海登成为美国食品药品监督管理局制药化学部的一个研究部门的负责人。

物体会反射与它们自身颜色相同的光，而吸收其他颜色的光。叶子看起来是绿色的，是因为它们反射绿光并吸收其他颜色的光。

在双重彩虹中，外侧彩虹中颜色的排列顺序与常见彩虹中颜色的排列顺序相反！

当阳光穿过天空中的雨滴时，光线会被分散并形成可见光谱，也就是我们见到的彩虹。

当阳光照射到大气层时，波长较短的蓝光比其他颜色的光更容易发生散射，所以我们看到的天空是蓝色的。

质谱

质谱仪是利用电磁场工作的仪器。样品被加入质谱仪后被转化为离子，得到的离子在电场的作用下做加速运动。随后在磁场的作用下，这些离子的运动轨迹发生偏转，离子的偏转程度取决于它们的质荷比（质量与所带电荷的比值）。待离子依次到达检测器后，检测器将检测到的离子流转化为电信号并记录下来。这些信号经过计算机处理，最终形成质谱图。我们可以通过质谱图分析出物质的组成。

图中的质谱仪主要用于医学实验室中化学物质的分析。样品应首先在仪器前部被汽化和电离。

 你知道吗

截至目前，有记录的持续时间最长的彩虹出现在 2017 年。这道彩虹持续了约 8 h 58 min！

79

洞察原子和分子

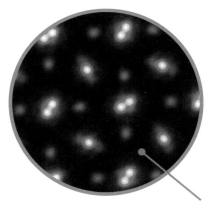

光学显微镜能放大物体，让我们能用肉眼看到直径约为 200 nm 的物质，这比一根头发的直径的 $\frac{1}{200}$ 还要小。然而就算是这样，光学显微镜的放大倍数还是不足以让我们直接观察到原子和分子，科学家们还需要更强大的工具。

在 2021 年，康奈尔大学的研究人员利用电子叠层成像术，成功地将晶体放大了一亿倍，从而观测到了原子。

显微镜

透射电子显微镜使用电子束来观察样品。由于电子的波长比可见光更短，因此电子显微镜的放大倍数约是光学显微镜的 250 倍。电子叠层成像术又进一步提高了图像的质量，使科学家们得到了令人惊叹的晶体内部原子的三维图像。而扫描探针显微镜通过一个针尖只有原子直径大小的微小探针，像一个微小的手指一样"感受"原子及其之间的间隙，从而生成原子的计算机视图。

X 射线晶体学

当电磁波，如光波或 X 射线，穿过狭小的空间时，会发生衍射。这意味着，当 X 射线穿过晶体时，它会在晶体的原子之间发生衍射，形成一种特定的图案。通过计算机的帮助，分析人员可以根据 X 射线形成的图案来确定原子的位置，并生成分子的 3D 模型。

1953 年，X 射线衍射图案为科学家们提供了 DNA 分子结构的线索，揭示了 DNA 是由两条链组成的双螺旋结构。

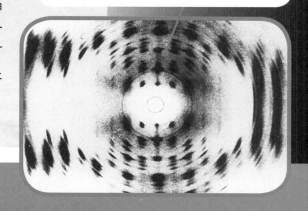

蛋白质是由被称为氨基酸的小分子构成的非常大且复杂的分子。这些蛋白质大分子含有成千上万个原子。

计算机可以利用X射线衍射实验所得到的图案构建蛋白质的分子模型。

DNA是一种长的且具有双螺旋结构的分子。它携带着构建我们身体中蛋白质所需的遗传信息。通过X射线衍射实验，科学家们揭示了DNA的分子结构。

 你知道吗　　人体内最大的蛋白质是肌联蛋白，一个肌联蛋白分子的质量高达 3×10^6 Da。

宇宙的起源

大约 138 亿年前，宇宙还是一个蕴含极大能量的极小区域，这些能量引起了大爆炸，并使宇宙迅速膨胀，随后逐渐冷却并形成了我们今天所观测到的宇宙，这就是宇宙大爆炸理论。这个理论为我们解释了宇宙的起源及宇宙的演化过程。另外，宇宙大爆炸理论有着很多证据的支持，例如，宇宙中元素的丰度与宇宙大爆炸理论的预测相吻合。

恒星的诞生

通过吸收光谱，科学家可以像识别指纹一样识别物质的组成。由吸收光谱发现，氢、氦这两种元素的质量占太阳质量的 99% 以上，其他元素只占很小的比例。氢和氦是两种质量较小的原子，宇宙大爆炸之后，最先形成的就是这两种原子，这些原子又形成分子云。分子云塌缩后又转化成含有电子、氢离子等带电粒子的原恒星。当原恒星的温度和压力足够高时，氢离子就开始发生核聚变，并逐渐转化为氦原子。这一核聚变过程释放出巨大的能量，包括光和热，从那一刻开始恒星的诞生之光便开始在宇宙中闪耀。

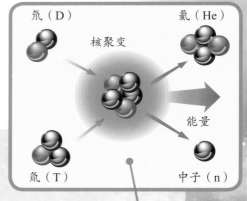

元素的形成

太阳核心深处发生的核聚变使氢原子转变为氦原子，并释放出巨大的能量。随着恒星年龄的增长，核心的"氢燃料"将会逐渐耗尽，这时恒星的主要能量来源就变为氦原子在核聚变过程中释放的能量。当"氦燃料"也被耗尽时，比氦原子质量更大的原子开始发生核聚变并转变为更重的原子，直到铁原子产生。当恒星核心中的"燃料"彻底耗尽时，它会经历坍缩的过程。对于巨星来说，这个坍缩过程会产生巨大的能量，并引发超新星爆炸，在爆炸中会形成质量更大的原子，这些原子随着爆炸被散布到宇宙中。这些原子的产生就标志着新元素的形成。

氘和氚是氢的同位素，它们的原子核都只含有一个带正电荷的质子（图中红色的球）。当核聚变发生时，它们会变为一个有两个质子的氦原子。通过不断地进行核聚变，更多的质子和中子结合在一起，形成质量更大的原子。

你知道吗　当温度达到 1×10^7 K 以上时，核聚变爆发，新的恒星就诞生了。

佩恩–加波施金是一位英裔美国天文学家兼天体物理学家，她曾在英国剑桥大学学习。后来，她在美国拉德克利夫学院获得了天文学博士学位，她是女性进入天文学研究的开拓者。她发现太阳中氢元素和氦元素的含量远远超过其他元素，认为氢元素是恒星中含量最高的元素。

马头星云距离地球约 1 600 光年，所以它发出的光 1 600 年后才能到达地球。

星系通常包含众多恒星以及由气体和尘埃组成的星云，这些星云是恒星诞生的重要场所。马头星云看起来就像国际象棋中的马。

猎户座的形状像一个手持弓箭的猎人。在猎户座的"腰带"上，最下方的一颗恒星被称为参宿一，在这颗恒星的附近就能找到马头星云。

恒星就像一个化学工厂。除了氢、氦和部分质量较大的元素外，宇宙中所有元素的原子都是在恒星内部产生的。

想想看，构成我们身体的原子是由数十亿年前的恒星形成的，所以我们每个人都曾是恒星的一部分！

地球的诞生

太阳系约在 46 亿年前由一个巨大的分子云坍缩形成。在太阳核心的高温环境下，星际尘埃逐渐聚集成岩石，岩石又相互碰撞并聚集在一起，最终形成了地球。地球内部的物质又逐渐形成了不同的分层，质量较大的元素聚集到地球核心形成了地核，质量相对较小的元素则上浮、冷却，形成地幔和地壳。

随着地球的冷却，熔融的岩石凝固形成了地壳。同时，火山活动释放出的气体形成了大气层。当地球的温度降至水的沸点以下时，大气中的水蒸气凝结成雨水，随后便开始了持续数个世纪的漫长降雨，积水在地表低洼处聚集，形成了最初的海洋。如今，地壳仍然非常活跃。构成地壳的数个构造板块在地球的表面缓慢地移动，并通过火山活动实现物质的循环与更新。

地球上的海水因受到月球引力的作用而产生了潮汐现象。这一自然过程不仅能促进生物的繁衍，而且对维持地球气候的稳定有一定的作用。

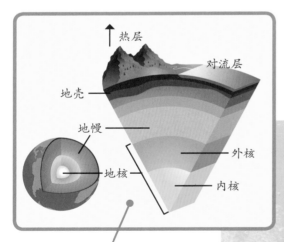

地球的磁场是在地球的自转和外核中流动的液态金属的共同作用下形成的，这个磁场使地球的大气层免受太阳风的侵袭，同时它也有效阻挡了大部分宇宙射线的进入。

地球的结构

地球的地核主要由铁元素和镍元素组成，其中内核为固态，外核为液态。地核的上方是地幔，它由上地幔和下地幔组成，厚度约为 2 900 km。地壳是地球最外部的固态岩石层，海洋位于地壳上，我们也居住在地壳上。地球表面之上是由各种气体组成的大气层，它环绕着地球。我们呼吸的空气来自大气层的对流层，飞机在高空飞行时处于大气层的平流层，国际空间站则位于大气层的热层。

 你知道吗

斜长岩，这种在月球表面形成淡色斑块的岩石，同样存在于地球上。因此，有部分科学家认为月球可能曾经是地球的一部分。

在黑夜中，我们可以看到银河像一条公路一样延伸开来。我们的太阳是银河系中数千亿颗恒星中的一颗。

地球上的元素刚好能形成岩石层和一个炽热的地核。

地球拥有所有形成生命所需的化学元素（如碳元素、氧元素和氢元素），以及适宜生命存在的环境条件。

地球位于太阳附近的"宜居区"，这个区域到太阳的距离适中，其温度条件使水可以以液态的形式存在。

名人堂

弗洛伦丝·巴斯科姆
Florence Bascom
1862—1945

巴斯科姆曾就职于美国地质调查局，还创办了布林莫尔学院的地质系，致力于培养学生学习地质学。她是矿物和晶体学方面的专家，她发现岩石层中的某些岩石实际上是岩浆冷却后形成的，而不是由沉积物形成的。

岩石与矿物

地壳一直在进行"回收利用"的生意。自然界中的化学物质结合形成矿物，进而形成岩石，而地壳运动和火山活动在数千年的时间里不断地将这些岩石带至地下，又带回地表。

约 1.5 亿年前，这块岩石曾是一个巨大的沙丘。随着时间的推移，沙子在风力的作用下按颗粒大小分层排列，最终形成了岩石中不同的层次。

岩石循环

岩石在天气等自然因素的影响下逐渐被侵蚀，发生破碎和磨损。河流将被侵蚀的岩石小碎片带入海洋，形成沉积物，这些沉积物在压力的作用下变为沉积岩。部分深埋的岩石在高温和高压的条件下转变成了变质岩，比如大理石。

随着变质岩被埋得更深，它在高温下受热熔化，生成的熔融物质（岩浆）会通过火山喷发上升到地表，并在冷却后转变为火成岩，比如花岗岩。

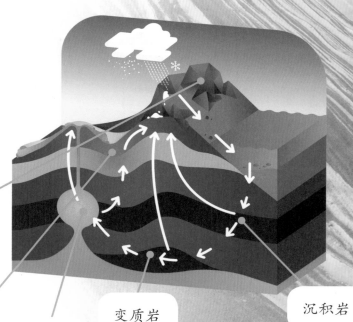

回到地表的岩石又会被风化和侵蚀，重复之前的过程。

火成岩

岩浆

变质岩

沉积岩

经过雨水和风的长期侵蚀，这块砂岩形成了具有山脊和无数线条的独特地貌。

岩石中的矿物

　　地球上有数千种矿物，但只有少部分在岩石中普遍存在。沉积岩通常含有多种矿物，但某些特定类型的沉积岩主要由一种矿物组成。例如，由贝壳形成的石灰岩的主要成分是碳酸钙。它可以转变成变质岩大理石，所以大理石的主要成分也是碳酸钙。砂岩是由压实的沙子形成的，这些沙子的主要成分是二氧化硅（由硅元素和氧元素组成的化合物，硅元素和氧元素是地壳中常见的两种元素）。热量和压力能使砂岩变成石英岩（一种变质岩）。

浮岩是一种多孔的火成岩。它像从被摇晃的瓶子里喷出来的汽水一样从火山里喷发出来，然后迅速冷却，其表面会形成密集的气孔。

"波浪谷"是美国亚利桑那州北部的一种砂岩地貌。它之所以特别是因为它是在沙漠中形成的，而不是在海底形成的。

沙子被压实后最终会变成固态的岩石。这些岩石所呈现的颜色通常来源于含有铁、锰等元素的矿物盐，这些矿物盐溶解在水中，并随着水一起渗入多孔砂岩中。

你知道吗　地球上最古老的岩石是加拿大的片麻岩，其年龄约为 42.8 亿年，人们猜测它可能曾是地球最初的地壳的一部分。

了不起的水

水是人类生存不可或缺的物质！地球与太阳恰到好处的距离使水在地球上能以液态的形式存在，这对地球上的生命是至关重要的，因为水是生物化学反应所必需的，没有水，地球上的生命将无法生存。幸运的是，我们的地球拥有水循环系统，它使宝贵的水资源能够得到循环利用。

水分子在冷却过程中形成六边形的晶体结构，这种形状也可以在雪花上观察到。

水循环

一个水池干涸了，并不意味着其中的水消失了，它只是蒸发了。大自然中，太阳的热量会将海洋、湖泊和河流中的液态水转化为水蒸气，这些水蒸气会进入大气中。水蒸气在上升的过程中逐渐冷却，在云层中凝结成水滴。水滴不断变大、变重，最终以降雨或降雪的形式回到地面上。降落在陆地上的雨水有的会流入河流，有的则会渗入土壤和岩石中，最终都会回到海洋中。蒸发又使水上升到大气中，就这样，水循环得以持续进行。

降水 凝结 聚集 蒸发

名人堂

钱德拉塞卡拉·文卡塔·拉曼

Chandrasekhara Venkata Raman

1888—1970

拉曼是一位印度物理学家，他于1930年因其在光的散射方面的研究获得了诺贝尔物理学奖。他曾站在埃及尼罗河流域旁的沙漠边缘眺望无垠的沙漠和河边肥沃的土地，那时，他深刻地感受到了水对人类的重要性，并将水誉为"生命的灵丹妙药"。

多瑙河在流经罗马尼亚时分为三条支流，在黑海入海口处形成一个类似扇形的沼泽地带，称为多瑙河三角洲。

河口是河流汇入大海的地方。在这个地方，河水与海水混合，所以河口的水是略带咸味的。

多瑙河的源头位于德国，它流经十个国家，全长约2 850 km，最终流入黑海。

三角洲是由河流携带着的沉积物在河口形成的区域。肥沃的土壤和潮汐的作用使这片区域拥有独特的生态系统，它同时也是野生动物的重要栖息地。

水分子之间的相互作用力使其具有表面张力。由于水黾非常轻，水的表面张力足以支撑起它的质量，所以我们可以看到水黾能够在水面上轻松行走。

奇特的水分子

水分子是由氢原子和氧原子构成的。氢原子和氧原子的质量很小，按理来说构成的水应该是气体，但实际上水在常温下是液体。当水变成冰时，它的体积不但没有减小反而变大了，所以冰的密度比水的小。因此，冰会浮在水面上，而不是下沉，这意味着水面上的冰层可以将海水与其上方的环境隔离开，使水体温度更稳定。水分子间的"黏性"很强，所以树木可以克服重力将水从根部吸到顶部的叶子上。水真是一种令人惊讶的物质。

你知道吗

火星上可能存在生命！科学家发现火星表面上有水流动过的痕迹，并猜测火星的地下仍然存在液态水。

有创意的碳元素

碳元素是生命中化学物质的重要组成部分，从微生物到庞大的鲸鱼等一切生命都需要碳元素。碳原子可以与碳原子本身及其他原子（尤其是氢、氧和氮原子）连接在一起，并将这些原子串联成长而坚固的分子。这些分子又形成了构建生命所需的碳水化合物、蛋白质和脂肪等物质。

化学工厂

植物就像是大自然的制造工厂，它们可以吸收空气中的二氧化碳，并与水反应生成葡萄糖（一种糖）和氧气，这就是光合作用。随后，光合作用产生的葡萄糖分子还可以形成更复杂的碳水化合物，用于构建植物的组织和结构。

你的身体也是一座精巧的化学工厂！当你摄入食物（植物或动物）时，你的身体会利用其中的碳原子和其他原子来制造蛋白质。这个过程几乎在你身上的每一个细胞中都会发生，而制造蛋白质的化学指令就储存在每个细胞内的长链分子 DNA 中。

光合作用可以产生葡萄糖。1 个葡萄糖分子中有 6 个氧原子和 12 个氢原子，这些原子连接在一条由 6 个碳原子构成的碳链上。葡萄糖分子还能形成用于构建生命体的更大的分子。

煤、天然气和石油是由数百万年前死去的植物和动物的遗骸形成的。这些化石燃料燃烧时，会释放二氧化碳到大气中。

碳循环

生物通过各种途径将碳元素归还给环境。例如，人呼吸时产生的二氧化碳会在呼气时离开体内。此外，碳元素还以废物的形式（如落叶，或粪便，或死去的植物和动物尸体）回到环境中。土壤中叫作分解者的生物会将这些废物分解为植物可以吸收的简单化学物质。一些分解者在呼吸过程中会释放二氧化碳到空气中，而植物通过吸收二氧化碳进行光合作用，使碳循环得以继续。

1634 年，比利时化学家范·海耳蒙特进行了一项实验。他在一盆土壤中种了一棵柳树苗。五年后，树的质量约增加了 30 倍，而土壤的质量几乎没有改变。这个实验揭示了一个重要的事实，植物可以从除土壤以外的地方获取养分。这个实验为后来光合作用的发现奠定了基础。

想象一下，我们可以把树木和人类看作一个团队。树木产生的氧气供我们呼吸，而我们产生的二氧化碳则被它们用于光合作用。

树木的光合作用实际上是一个固定碳的过程。这个过程可以减少大气中的二氧化碳，进而对控制全球变暖起到积极作用。

植物含有叶绿素，这是一种绿色色素，可以吸收光能。它们利用这种能量来进行光合作用。

你知道吗

你的身体中超过一半的质量是水，除去水后，剩下的一小半大部分都是碳元素！

人类赖以生存的氧气

大多数生物需要氧气进行呼吸。生物从葡萄糖与氧气的反应中获取能量。氧气约占空气的 $\frac{1}{5}$，和其他生物所必需的化学物质一样，氧气永远不会被用尽，而是在自然界中不断地进行循环。

重要的氧元素

在宇宙中，氧元素的含量排名第三，仅次于氢元素和氦元素。它也是地壳中含量最多的元素，约占地壳总质量的 48.6%，主要存在于二氧化硅中。氧元素也是人体中含量最多的元素，主要存在于水中。纯净的氧气是无色、无味的，极易与其他物质发生反应，反应通常会生成氧化物。在我们的生活中，氧化物无处不在，水是氧化物，沙子的主要成分二氧化硅也是氧化物，二氧化碳同样也是氧化物。

> 许多陆地动物通过肺呼吸来获取氧气，鱼类通过鳃呼吸来获取氧气。

苹果被切开后暴露在空气中，会因发生氧化反应而变成褐色。

氧循环

陆地上和海洋中的植物利用光能将二氧化碳和水转化为葡萄糖和氧气。氧气释放到空气中，植物和动物利用它进行呼吸。呼吸作用与光合作用的过程相反，它将葡萄糖和氧气转化为二氧化碳和水，并释放出能量。动物或植物利用这些能量在体内进行化学反应。

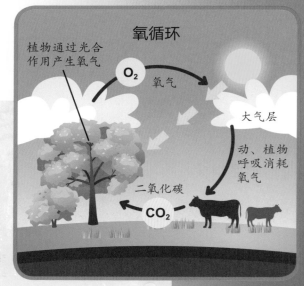

氧循环

植物通过光合作用产生氧气

O_2 氧气

大气层

动、植物呼吸消耗氧气

二氧化碳

CO_2

你知道吗

大约 3 亿年前，地球上曾出现过一种巨型蜻蜓，当时空气中的氧气含量较高，这使得它们能够用细小的呼吸管吸入更多的氧气，从而得以生存。

鱼通过鳃吸水，水流经鳃，氧气便从海水中进入鱼的血液中，血液中的氧气又被输送到鱼全身的细胞中，这就是鱼呼吸的过程。

约25亿年前，微小的海洋生物蓝细菌就开始利用光合作用产生氧气，并将氧气释放到大气中。

有氧气参与的呼吸属于有氧呼吸，没有氧气参与的呼吸属于无氧呼吸。例如我们剧烈运动时肌肉细胞就会进行无氧呼吸。

名人堂

约瑟夫·普利斯特里
Joseph Priestley
1733—1804

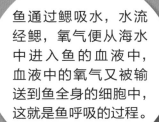

　　在1771年的瑞典，科学家卡尔·威廉·舍勒（Carl Wilhelm Scheele）成功地制备了氧气，但他在六年后才公开发表他的研究成果。与此同时，英国科学家约瑟夫·普利斯特里在1774年发现了氧气并向公众公开了他的这一发现。他收集了被太阳照射的氧化汞产生的气体，并发现这种气体不仅有助于呼吸还能使蜡烛燃烧得更剧烈。

氮的固定

氮气是空气中含量最多的气体。生物需要氮原子来合成蛋白质，但是空气中氮气的氮原子通过化学键牢固地结合在一起，无法直接被多数生物利用，必须先破坏这些键，氮原子才能够形成其他化合物。幸运的是，土壤中特定的细菌和豆科植物（如豌豆和三叶草），具有固氮的能力，它们能将大气中的氮气转化为植物可利用的形式。

氮气分子中的两个氮原子通过三键连接在一起，这个三键十分稳定，不容易被破坏，因此氮气的化学性质稳定，不易发生反应。

氮循环

在三叶草等植物的帮助下，固氮细菌能够循环利用环境中的氮元素。这些细菌将氮气分子（N_2）中的两个氮原子分开，使其与其他原子结合并生成硝酸盐。植物吸收硝酸盐，并将其用于蛋白质的合成。随着氮元素在食物链中的传递，氮元素最终会通过动、植物的尸体或排泄物回到土壤中。然后，这些废物会被不同的细菌循环利用，它们可以将废物转化为硝酸盐留在土壤中，或者将其转化为氮气释放到大气中。

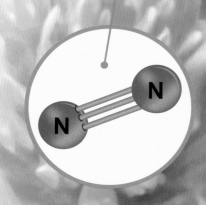

闪电、火山爆发也可以固定氮，它们产生的巨大能量使氮气分子分解为氮原子，游离的氮原子再与其他原子结合形成化合物。

哈伯法

哈伯法是一种工业制氨气的方法，通过将氮气和氢气转化为氨气（NH_3）来固定氮。制成的氨气被用来制作肥料，比如硝酸铵，它有助于农作物的生长。然而，肥料的过度使用会导致过多的硝酸盐进入河流和溪流，干扰生物圈的氮循环过程。其他向土壤中添加硝酸盐的方法有轮作豆科植物或使用天然肥料，如动物粪便。

 你知道吗

早期的化学家将尿液与盐混合，制成含有氯化铵的混合物，这种混合物被用来制作嗅盐。

在土壤中，部分硝酸盐会被反硝化细菌重新转化为氮气，并释放回大气中。

农民通过种植红三叶来改善土壤质量。红三叶根部的固氮细菌将空气中的氮元素转化为硝酸盐。

这些细菌在红三叶的根部形成根瘤，这些根瘤中积聚了大量的硝酸盐，红三叶利用这些硝酸盐生长，而食用红三叶的动物能够从中获取氮元素。

土壤中的分解者通过分解动物和植物产生的废物来生成大量的硝酸盐。

至关重要的葡萄糖

每一个生命体都在不断构建和分解分子。所有这些化学反应共同组成了代谢。葡萄糖在代谢中起着重要的作用。它是一种单糖（不能再被水解成更小分子的糖）。

葡萄糖的合成

植物利用二氧化碳和水，在阳光下进行光合作用，制造葡萄糖。植物可以利用葡萄糖合成更大的分子，如纤维素和淀粉。植物是食物链中的生产者，作为消费者的我们通过摄入含有淀粉的食物（如面包、米饭、土豆），从植物中获取葡萄糖。消化过程中，淀粉被分解为简单的糖，血液将这些糖输送到我们身体的各个组织中。组织中的细胞将这些糖转化为能量，并用于维持细胞的各种生命活动。

植物的叶子可以吸收光能，并通过光合作用将能量储存在葡萄糖分子中，这些能量被储存在葡萄糖分子内部的原子之间的化学键中。

葡萄糖的化学式是 $C_6H_{12}O_6$，1 个葡萄糖分子中有 6 个碳原子、12 个氢原子和 6 个氧原子。

多糖的合成

由多个单糖相互连接形成的聚合物称为多糖，如淀粉和纤维素，即葡萄糖分子（$C_6H_{12}O_6$）连接在一起可以形成淀粉或纤维素，每 2 个葡萄糖分子连接在一起，就会失去 1 个水分子（H_2O），因此淀粉或纤维素的化学式为（$C_6H_{10}O_5$）$_n$，其中 n 表示重复的葡萄糖单元的数量。淀粉在生物体内用于储存能量。纤维素是一种直链分子，可以用于构建坚固的结构，如树干。

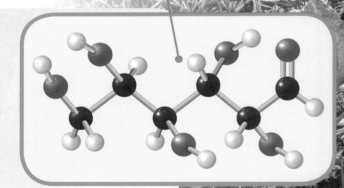

你知道吗

96

人脑的质量约占人体质量的 2%，但消耗的能量却约占身体所消耗的能量的 20%。

植物无法在没有光线的深海热液喷口周围生存。在那里，细菌代替植物扮演食物链中生产者的角色，它们将深海中的硫化氢或甲烷转化为生命所需的能源。

植物将通过光合作用生成的葡萄糖以淀粉的形式储存在植物的不同部位（如叶子、茎、根、种子或果实）中，例如南瓜将淀粉储存在果实中。我们可以从含有淀粉的食物中获取碳水化合物，这种物质既易于消化又能为我们提供能量。

葡萄糖从叶子被运输到植物的各个细胞中，在细胞内发挥不同的作用。它既可以被用于产生能量，也可以被储存起来，或者用于合成更大的分子，以促进植物的生长。

名人堂

玛丽·梅纳德·戴莉
Marie Maynard Daly
1921—2003

戴莉是一位美国化学家。她的主要研究方向为酶在淀粉消化中的作用、细胞核的结构和代谢。戴莉还是一名阿尔伯特·爱因斯坦医学院的生物化学教授，她积极推动和鼓励学生从事医学和科学研究。

植物中的化学

从外观上看，植物和真菌似乎完全不动，但实际上它们的体内一直在不断地进行代谢，也就是进行着一系列的化学反应。植物有一个重要的"任务"，就是通过捕获能量并制造葡萄糖来构建自己的身体，但除了光合作用所产生的葡萄糖外，植物的生命活动还涉及很多其他的化学物质。

植物激素

植物的生长需要光，它们可以感知光的方向。它们通过生长素这种激素（化学信使）来控制根部和茎尖的生长。在茎尖中，生长素会聚集在光照较少的一侧，从而促进该侧细胞快速生长，并使枝条向光的方向弯曲。生长素同样也会分布在根尖处，从而促使根向下生长。

许多植物都含有味道不佳的有毒化学物质，这种物质帮助植物保护自身免受其他动物的啃食。例如，千里光中就含有称为生物碱的有毒化学物质。

大多数真菌都隐藏在地下。真菌不是植物，因此它们无法进行光合作用。它们通过分解腐烂的物质来获取营养。

木维网

树木看起来孤立无援，但实际上它们可以通过共享营养物质或释放化学物质与其他生物相互帮助和交流。真菌的菌丝在地下连接着树根，形成了一个被称为"木维网"的网络。通过这个网络，真菌从树木中获得葡萄糖，作为回报，真菌为树木提供营养物质，并且充当树木之间传递物质的桥梁。老树会慷慨地向幼苗提供糖分，而不友好的树则会释放有害化学物质。植物还能感知附近的其他植物正在被啃食，并做出相应的防御反应。

 你知道吗　捕蝇草会"数数"！当昆虫触碰到捕蝇草后，它会等到第二次触碰再关闭自己的"捕虫夹"。

西迪基是一位出生于印度的科学家，于1927年在德国获得有机化学博士学位，并致力于研究传统草药疗法。他成功分离出了萝芙木中的生物碱，该生物碱可用作镇静剂和治疗高血压的药物。此外他还从印楝油中提取出了用于治疗感染的物质。他曾任职于卡拉奇大学，担任化学教授，并为巴基斯坦的科学发展做出了许多卓越的贡献。

这种毛虫身上黑黄相间的斑纹，以及其成年飞蛾翅膀上醒目的红黑斑纹，都在告诉捕食者它们有毒。这样，它们被吃掉的可能性就会降低。

朱砂蛾毛虫以千里光为食，但千里光的毒素不会伤害它们，而是留在毛虫的体内，使它们也变得有毒。

食用大量的千里光可能会对动物造成伤害，但千里光也可以为许多昆虫提供花蜜和花粉，这对生物多样性至关重要。

树叶中含有红色和黄色的色素，它们充当"防晒霜"的角色。夏天时，这些色素被叶绿素掩盖了，所以我们很难观察到它们的颜色。然而，秋天来临，树木中的叶绿素逐渐减少，这样红色和黄色的色素的颜色就显露出来了。

人体中的化学

在数以百万计的化学物质中，只有少数有机物能够被生物利用。这些有机物包括蛋白质、碳水化合物、脂类和核酸等。动物的身体就是由这些物质构建的，有它们参与的化学反应都是身体新陈代谢的一部分。

蛋白质

蛋白质是由氨基酸构成的聚合物分子。在我们的身体中，大约有数万种不同的蛋白质，例如，负责携带氧气的血红蛋白。在肌肉的收缩和相对滑动中，蛋白质也发挥着重要的作用。消化食物的酶也是蛋白质。一些激素，比如生长素和胰岛素也属于蛋白质。另外，虽然染色体中的核酸不属于蛋白质，但它们是携带着制造蛋白质所需的遗传信息的化学物质。

社会性昆虫，如蚂蚁，以群体的形式生活和工作。它们通过化学信号（信息素）进行交流，将信息传递给整个群体的成员。

骨骼

骨骼是可以保护动物软组织、提供支撑并帮助运动的坚硬结构。脊椎动物的骨骼由胶原蛋白、磷酸钙等物质组成，其中磷酸钙赋予骨骼坚硬的特性。许多无脊椎动物具有外骨骼，比如一些昆虫的外骨骼由几丁质构成，而蜗牛和其他软体动物使用碳酸钙来构建它们的外壳。

水母身体中水的含量极高，达到了惊人的95％！它们需要通过水压来维持身体的形状，它们还可以将水从身体的一端喷射出去，利用反作用力来实现向相反方向的移动。

  你知道吗 你在微笑时露出的小白牙，是你身体里最坚硬的物质——牙釉质。它主要由一种名为羟基磷灰石的晶体构成。

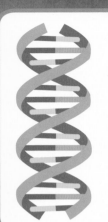

腺嘌呤
胸腺嘧啶
胞嘧啶
鸟嘌呤
由脱氧核糖、磷酸连接而成的骨架

DNA

DNA 的长链中携带着制造蛋白质所需的遗传信息，它包含四种化合物，分别是腺嘌呤、胸腺嘧啶、胞嘧啶和鸟嘌呤。生物的后代能够继承 DNA 中的遗传信息。

蚂蚁群体犹如一个"超级生物体"，其中的每只蚂蚁都扮演着细胞的角色，在一个"生物体"内协同工作。

当一只蚂蚁找到食物时，它会迅速返回群体，并通过释放一种叫作信息素的化学物质来引导其他蚂蚁前往食物所在的位置。有时，食物可能太重或太大，一只蚂蚁无法独自搬运。在这种情况下，蚂蚁会通过合作，一起将食物搬回。

蚂蚁通过释放信息素来相互警示潜在的危险。除此之外，蚁后释放的信息素向其他工蚁表明它正在产卵，这样一来，其他工蚁就无须进行繁殖活动。

名人堂

劳埃德·诺埃尔·弗格森

Lloyd Noel Ferguson

1918—2011

弗格森毕业于美国加利福尼亚大学，他在 1958 年创立了他当时任教的学校的第一个化学博士学位项目。他的研究涵盖了碳基分子的结构和生物活性，以及甜味物质与酸味物质之间的分子差异。

食品中的化学

人类与其他动物一样，需要各种生物大分子来构造身体并维持正常的生理功能。然而，我们并不能像植物那样直接利用阳光来合成这些化学物质，而是必须通过食用蔬菜和肉类来摄取这些营养。

患有 2 型糖尿病的人必须制定合理的饮食计划，并严格遵循，以维持血糖（血液中葡萄糖的浓度）水平的稳定。有时他们也会使用胰岛素来控制血糖水平。

你的唾液中含有一种酶，它能将食物中的淀粉分解成糖。因此，当你咀嚼面包的时候，面包在唾液酶的作用下吃起来感觉甜甜的。

营养物质

人体中大约有 40 万亿个细胞，每分钟约有数以亿计的细胞死亡，并被新生细胞所代替。因此我们要食用各种各样的食物来摄取均衡的营养物质，这些营养物质可以维持细胞的生长和更新。有时，食用新鲜的未经烹饪的食物对健康有益，因为加工和烹饪可能会导致营养物质流失。但是有些食物必须经过烹饪才能食用，比如肉类。烹饪可以杀灭食物中的细菌，改善食物的口感，使其更加可口和易于消化。

食品添加剂

许多食品会被"强化"以补充其在制备过程中流失的营养物质，或者额外向食品中添加一些营养物质。例如，素食主义者无法从蔬菜中获取维生素 B_{12}，因此它被添加到豆制品中。其他食品添加剂可以延长食物的保质期，或给食物增添颜色、味道等。食品添加剂可以从天然植物中提取，也可以人工合成，如糖的替代品糖精。在欧洲，食品添加剂通过安全性测试后会被赋予 E 编码，食品成分表中会列出添加剂的 E 编码。

姜黄素（姜黄提取物）是一种健康的食品添加剂和着色剂。它的分子式为 $C_{21}H_{20}O_6$，E 编码是 E100。

你知道吗

河豚含有致命的河豚毒素。厨师必须经过多年的培训并通过考试才能给顾客烹饪河豚。

我们需要摄入像面包、意面和谷物这样的淀粉类食物来获取碳水化合物，以为我们提供能量、纤维素、钙元素和维生素。与淀粉类食物相比，添加了大量精制糖的食品是不太健康的碳水化合物。

我们摄入的食物中应有三分之一是水果和蔬菜。它们不仅能为我们提供必需的维生素以维持健康，还能提供纤维素促进肠道蠕动。此外，水果和蔬菜还含有水，但即便如此，我们仍需饮用充足的水以维持身体健康。

鱼、肉和蛋中含有丰富的优质蛋白质，坚果、豆类食品中含有植物蛋白。食用这些食物可以促进生长并修复组织。

牛奶、奶酪和黄油中的油脂为身体提供了所需的能量。乳制品和肉类富含铁等矿物质，有助于维持细胞健康。

清洁剂中的化学

家中经常要进行许多清洁工作，我们需要清洗衣物、厨具甚至我们自己。然而，水的清洁效果并不是很理想，所以我们还需借助一些清洁剂来使清洁工作更彻底。快去看看你家里的浴室和厨房里都有哪些清洁剂吧！

清洁和消毒

表面张力使水分子彼此粘在一起，这种特点使其难以与污垢表面紧密结合。这时，肥皂和其他洗涤剂就派上用场了，它们作为表面活性剂，可以降低水的表面张力，使其更好地附着在污垢上，一些家用清洁产品中还添加了消毒剂用于消毒杀菌。另外，家用漂白剂不仅能够去除污渍，还具有消毒杀菌的作用，这是因为它含有次氯酸钠（NaClO）这种物质。

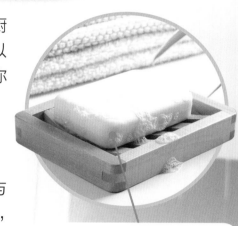

肥皂是日常生活中一种实用的清洁剂。通过向肥皂中添加染料和其他添加剂，可以让其有各种各样的颜色、香味和质地。

肥皂的工作原理

肥皂中的分子具有特殊的结构，它由两个部分组成。它的一端是具有亲水性的"头"，亲水端易溶于水；另一端是具有疏水性的"尾"，疏水端排斥水，但易与污垢中的油脂结合。使用肥皂时，亲水性的头部与水相溶，疏水性的尾部吸附在污垢或油脂上，这样就将污垢包围起来，形成胶束。当你用水冲洗时，形成的胶束和附着其中的污垢会被带走，从而实现清洁的效果。

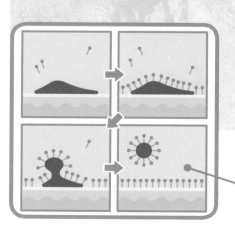

形成胶束时，亲水的一端朝向水，而疏水的一端则朝向污垢。

你知道吗　过去，人们将草木灰浸入水中得到碱性物质，再使其与脂肪发生反应，从而制得肥皂。

霍尔是一位著名的化学家和发明家，拥有多项美国专利。他的专利涉及多种食品的保鲜方法，其中之一是用食盐和其他钠盐的混合物来加工肉类，这种方法可以有效延长食物的保质期。他还发现一些香料会带入细菌并加速食物变质。为了解决这个问题，他提出了在真空环境中使用乙烯气体对香料进行灭菌的方法。这种方法后来被食品、药品和化妆品行业广泛使用。

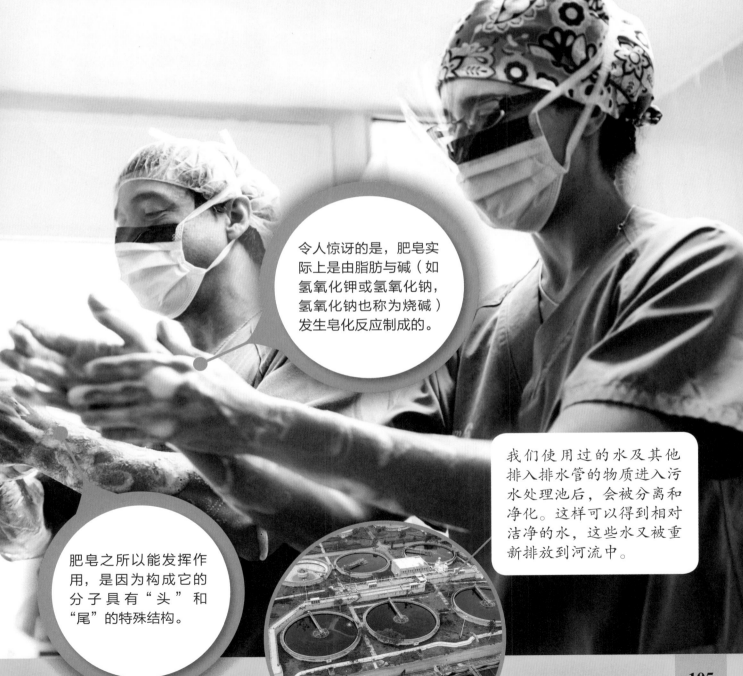

令人惊讶的是，肥皂实际上是由脂肪与碱（如氢氧化钾或氢氧化钠，氢氧化钠也称为烧碱）发生皂化反应制成的。

我们使用过的水及其他排入排水管的物质进入污水处理池后，会被分离和净化。这样可以得到相对洁净的水，这些水又被重新排放到河流中。

肥皂之所以能发挥作用，是因为构成它的分子具有"头"和"尾"的特殊结构。

药物中的化学

当我们生病时，药物可以帮助我们恢复健康。但是过量使用药物或用错药物，反而会加重病情。药剂师都是经过培训的专业人员，具有丰富的专业知识和经验，他们的工作是根据医生开具的处方配药，并向病人提供非处方药（不需要医生处方即可购买的药物）的使用建议。

抗生素可以消灭引起感染的细菌，但医生只在必要的情况下才会开具处方，因为过度使用抗生素会导致细菌对药物产生耐药性，使得抗生素对它们失去效果。

药物的开发

古人在生病时会尝试使用各种草药来治愈疾病或缓解症状。我们现在使用的许多药物也都来自大自然，比如阿司匹林是由从柳树皮中提取的水杨酸制成的，青霉素是从青霉菌中提取的。现代的药物都会经过一系列严格的测试，以确保它们在预防或治疗疾病时的有效性和安全性。

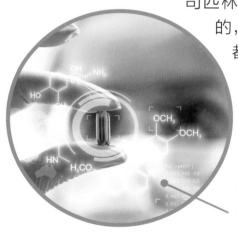

目前，大多数药物都是由配备现代化设备的制药公司生产的，这些公司不仅具备大规模生产药物的能力，还能确保生产过程的清洁与安全。

名人堂

珀西·拉冯·朱利安
Percy Lavon Julian
1899—1975

朱利安是一位杰出的化学家，曾在格利登公司担任化学品开发主管一职。他在实验室中制备了类固醇，类固醇被大量使用在药物中。此外，他还成功地开发了用于治疗眼疾的毒扁豆碱，以及能大规模生产的可的松药物和孕酮、睾酮等激素。

不同的公司会给药物起不同的商品名，比如退烧药的主要成分对乙酰氨基酚可以治疗发热并止疼，它的商品名有扑热息痛、泰诺林等。

非处方药可以用来治疗一些轻微的疾病，比如咳嗽、感冒、过敏和皮肤病等。在药店中，你可以购买到非处方药，也可以购买维生素和保健品。另外，一些药店也提供处方药物。

疫苗

大多数人在儿童时期都会接种疫苗，预防麻疹、腮腺炎和风疹等疾病，成年后还会接种更多类型的疫苗。疫苗可以在体内模拟病毒或其他病原体，使我们的免疫系统产生免疫反应，当我们的身体真的受到病原体威胁时，免疫系统会迅速识别出病原体，并保护我们免受疾病的伤害。通常，研发一种疫苗需要5～15年的时间。然而，在新型冠状病毒肺炎（COVID-19）疫情蔓延期间，各国科学家齐心协力，在较短的时间内就完成了对这种新型冠状病毒 DNA 的测序。

一些药物可以直接吞服，有的则需要咀嚼后服用，还有的可以溶解在水中喝下。而胶囊则有所不同，它有一层外壳，当吞服下胶囊后，它会经过食道进入胃部。在胃酸的作用下，胶囊会逐渐溶解并释放药物。

COVID-19 是众多冠状病毒中的一种。科学家们根据其他病毒的结构和特点，在一年内就研制出了应对 COVID-19 的疫苗。

 你知道吗

蛇的毒液是一种天然药用资源，含有多种活性成分。科学家们利用其中的一些提取物来治疗心脏病、肾病、癌症等。

农业中的化学

土壤是植物生长的重要基础，它由颗粒状矿物质、有机物质、水分、空气、微生物等组成。不同类型的土壤具有不同的性质。沙质土壤的颗粒较大，因此排水性能较好，透水性强，而黏土的颗粒较小，黏性较强，因此保水能力较好。在农业生产中，农民会使用肥料和农药来促进粮食作物的生长。

肥料

植物能够从土壤中吸收适量的矿物质和其他的营养物质。每收获一批作物，都会消耗土壤中的养分，使其变得贫瘠。为了补充养分，农民向土壤中施加氮肥、磷肥、钾肥或复合肥等，这些化肥能够为土壤增添养分，但这些肥料也容易被水流冲走，而导致水源被污染。

砍伐森林或过度放牧会导致土壤被侵蚀，造成水分和养分流失，这一过程最终会使土地变得贫瘠，并严重影响作物的正常生长。

当种植单一类型的作物时，由于这些作物具有相似的基因，它们更容易受到病害或虫害的侵袭。因此，我们有时需要使用农药来保护作物。

农药

种植粮食时，农民常常会面临其他生物对农作物的侵害问题。例如，蚜虫喜爱吸食植物的汁液，毛虫则以植物的叶片为食，甲虫会钻入植物的茎秆。除此之外，蛞蝓、蜗牛和蠕虫等都可能会侵害农作物，真菌和杂草也会影响农作物的生长。为了解决这些问题，农民会使用杀虫剂、除草剂和杀菌剂等农药。虽然农药具有高效的作用，但它们也会对其他生物造成伤害并干扰生态系统的平衡。

你知道吗

化学名词"有机物"和我们常说的"有机食品"的含义不同。"有机食品"通常是指在生产种植过程中，未使用过化学肥料、农药等人工合成的化学品，并且避免使用转基因技术等手段的食品。

有机食品的生产中，农民通常会选择使用农家肥（如粪便）和堆肥（如腐烂的植物）来补充土壤中的氮元素，而不是使用人工合成的肥料。

种植者会在作物间种植野花，形成花带。花带中的花朵为蜜蜂等有益昆虫提供食物，其中一些昆虫的幼虫会捕食害虫，起到生物防治的作用。

天然肥料被土壤中的微生物分解，从而缓慢释放营养物质如硝酸盐，供植物吸收。适量使用天然肥料有助于保持土壤的肥力。

名人堂

乔治·华盛顿·卡弗
George Washington
Carver
1864—1943

卡弗曾于爱荷华州立大学学习植物学。毕业后，他负责管理塔斯基吉学院的农业学校，他提出在过度耕种的棉花田上种植花生等固氮植物可以恢复土壤质量。不仅如此，他还开发了许多花生的用途。

教室中的化学

科学课上我们能学到很多化学知识。但除了科学课，从数学到艺术的所有课程都与化学息息相关！自然界中的一切及人们发明的一切事物都是由化学物质组成的。

计算器

如果你拆开计算器，你会发现计算器里有电池、橡胶薄膜、触控电路和芯片等组件。当按下计算器的按键时，被挤压的橡胶薄膜会产生电信号并被芯片感知，芯片将分析该信号并执行计算任务。计算器的液晶显示器（LCD）中的分子排列呈现出固体晶体的特点，但它们仍能像流体一样流动，并能够根据需要改变自身的排列方式。正是这些分子的排列方式的变化，使得显示器能够呈现出不同的图像。

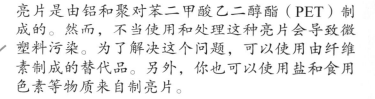

亮片是由铝和聚对苯二甲酸乙二醇酯（PET）制成的。然而，不当使用和处理这种亮片会导致微塑料污染。为了解决这个问题，可以使用由纤维素制成的替代品。另外，你也可以使用盐和食用色素等物质来自制亮片。

黏合剂

我们生活中有各式各样的黏合剂。科学家发现了一种可以粘在纸张上的胶，这种胶粘上去后还可再撕下来，于是便利贴就诞生了。固体胶水是一种无毒、可水洗的黏合剂，其主要成分是一种叫作聚乙烯吡咯烷酮（PVP）的可溶于水的聚合物，有时人们也会使用更环保的淀粉来制作固体胶。白乳胶是一种以聚乙酸乙烯酯为主要成分的黏合剂，涂抹后随着水分的蒸发，胶水会变干并产生很强的黏性。环氧树脂胶黏剂是一种以环氧树脂为主要成分的黏合剂，一般还需加入固化剂使其固化。

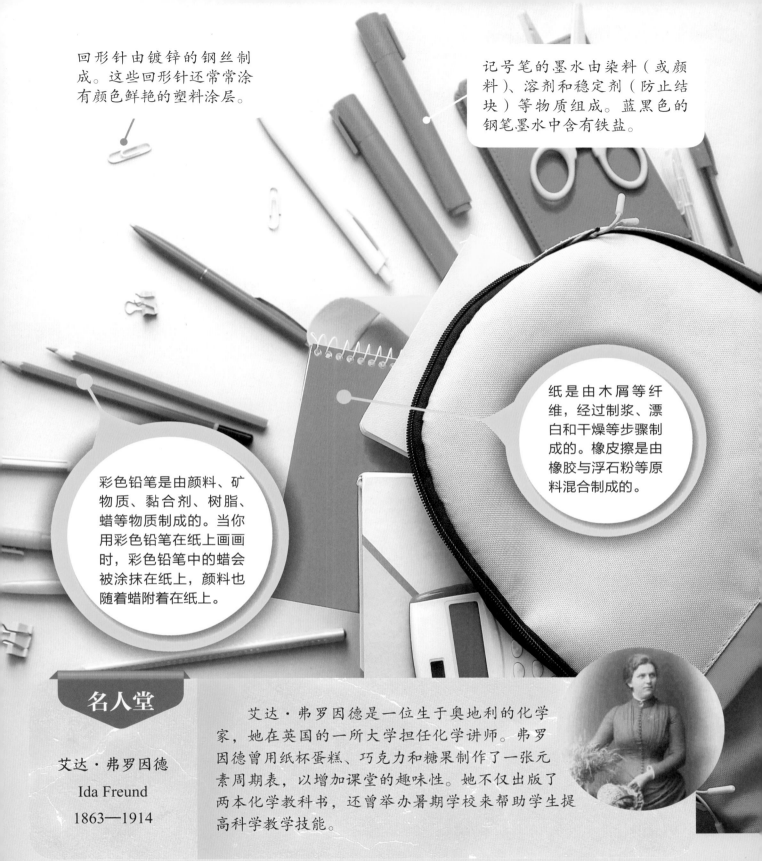

回形针由镀锌的钢丝制成。这些回形针还常常涂有颜色鲜艳的塑料涂层。

记号笔的墨水由染料（或颜料）、溶剂和稳定剂（防止结块）等物质组成。蓝黑色的钢笔墨水中含有铁盐。

彩色铅笔是由颜料、矿物质、黏合剂、树脂、蜡等物质制成的。当你用彩色铅笔在纸上画画时，彩色铅笔中的蜡会被涂抹在纸上，颜料也随着蜡附着在纸上。

纸是由木屑等纤维，经过制浆、漂白和干燥等步骤制成的。橡皮擦是由橡胶与浮石粉等原料混合制成的。

名人堂

艾达·弗罗因德
Ida Freund
1863—1914

艾达·弗罗因德是一位生于奥地利的化学家，她在英国的一所大学担任化学讲师。弗罗因德曾用纸杯蛋糕、巧克力和糖果制作了一张元素周期表，以增加课堂的趣味性。她不仅出版了两本化学教科书，还曾举办暑期学校来帮助学生提高科学教学技能。

你知道吗　约公元 105 年，蔡伦首次利用木纤维等材料成功制造出了纸张。据说，他的这一创新是受到当时常用的漂絮工艺的启发。

塑料中的化学

塑料是一种聚合物。我们可以把聚合物想象成一串珍珠项链，聚合物的单体就是一颗颗珍珠，单体之间通过化学键连接在一起。聚合物一般有一根将碳原子串接起来的主链，其他原子连接在碳原子上或其支链上。聚苯乙烯、聚乙烯和聚氯乙烯等都是聚合物。

由玉米淀粉等天然聚合物制成的餐具是可生物降解的，可以被回收利用并制成肥料。但为了实现有效的生物降解，这些产品还需要经过特殊处理。

功能强大，但不环保

塑料具有柔韧、轻便、防水等特性，这使得它们可以被制成薄膜、板材或泡沫等各种物品。塑料在我们的生活中是必不可少的，然而大量地使用塑料制品也引起了一些问题。废弃的塑料可能会存在几十年甚至几个世纪之久。当它们进入海洋时，这些废弃的塑料可能会分解为直径小于 5 mm 的微塑料，对海洋生物造成潜在的危害，它们可能会被海洋生物吞食，并进入食物链，将毒素带入生态系统。此外，燃烧塑料会释放引起温室效应的二氧化碳气体，加剧气候问题，且制造塑料的原料源自化石燃料，化石燃料是一种不可再生的资源。

聚合反应

氯乙烯（VC）是一种气体，它可以通过聚合反应转化成高强度的聚氯乙烯塑料。聚氯乙烯是制造管道的主要材料。氯乙烯能发生聚合反应的"秘密"就在于其碳原子之间的双键。氯乙烯分子的双键中的一根键发生断裂，断裂的那根键可以与其他氯乙烯分子中的碳原子连接起来。这个过程可以多次进行，最终将任意数量的氯乙烯分子连接成一条链，形成聚氯乙烯。

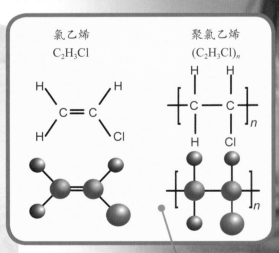

氯乙烯
C_2H_3Cl

聚氯乙烯
$(C_2H_3Cl)_n$

1 个氯乙烯分子中有 6 个原子，其化学式为 C_2H_3Cl。聚氯乙烯的化学式为（C_2H_3Cl）$_n$，其中 n 代表链中氯乙烯单体的数量。

亚历山大·帕克斯
Alexander Parkes
1813—1890

由于人们大量使用象牙和玳瑁，导致大象和海龟濒临灭绝，因此人造塑料作为替代品问世了。1862年，英国化学家帕克斯申请了一项专利，据说，他将棉纤维溶解在酸中制得了硝化纤维素，再使其与植物油等物质混合得到了一种新的材料，他将其命名为"帕克辛"。后来人们改进了这种材料，并重新命名为"赛璐珞"，它使得像梳子这样的日常物品变得更加便宜，让更多人能够买得起。

即使是可回收塑料，其回收利用的次数也是有限的，随后便会因性能变差而丧失使用价值。最终，它们还是会如同"一次性"塑料一样，对环境造成污染。

科学家们正在开发能够替代塑料的物质，同时他们也在寻找将现有的废弃塑料分解成可再利用的化学物质的技术和方法。

全球生态砖联盟起源于菲律宾，他们将废塑料装入瓶子中制成生态砖，并将其用于建筑物的建设。

每个人都应遵循"减少使用、重复利用、回收利用"的原则使用塑料制品，从而缓解塑料危机。尽管回收是其中重要的一环，但仅靠回收是无法完全解决问题的。我们还需要减少对塑料制品的依赖。

你知道吗 全球每分钟售出约一百万个塑料瓶，这些塑料瓶的大量使用无疑给生态环境带来了极大的污染。

服饰中的化学

服装对我们来说非常重要，它不仅可以为我们遮风御寒，还能通过百变的样式让我们展示个性。用于制作服饰的纺织品是由纤维和线通过编织、针织等工艺加工而成的，其制造和生产离不开化学物质，这些化学物质会对环境产生影响。

氨纶是一种具有弹性的合成纤维，常用于制作运动服装。最新的纺织技术使由氨纶制成的衣物能够根据穿着者的动作，自动调整舒适度和紧身程度，就像人的第二层皮肤一样。

合成纤维

从化石燃料中提取化学物质并制成聚合物，再经加工制得的化学纤维叫作合成纤维，如尼龙、涤纶和丙烯酸纤维等。然而，和塑料一样，它们是不可持续的，因为化石燃料资源有限，而且这些合成纤维不易降解，会造成环境污染。科学家们正在致力于寻找更科学、更环保的方法来生产和回收这些聚合物。

我们可以在实验室中制造尼龙——一种线状的纤维。

名人堂

斯蒂芬妮·路易丝·克沃勒克

Stephanie Louise Kwolek

1923—2014

克沃勒克是一位美国化学家，曾在杜邦公司从事合成聚合物和纤维的研究工作。她开发了一种名为诺梅克斯（Nomex）的阻燃聚酰胺纤维。她还发明了凯夫拉（Kevlar），一种比钢铁强度更大的纤维材料，其在制造防弹背心及航天器等产品中有广泛的应用。

许多由人造纤维制成的衣服的生产成本低，售卖价格也低，这导致这些衣服很快就会被消费者丢弃。这种"快时尚"会带来环境污染。

天然纤维

羊毛、棉花和丝绸属于天然聚合物（具有重复单元的大分子）。棉花的主要成分是植物纤维素，而羊毛和丝绸是蛋白质。它们都是可再生、可持续和可生物降解的，但即使是天然纤维也必须经过一系列的加工过程才能使用。种植棉花需要大量水，其染色过程也需要水并可能导致环境污染。羊毛在染色之前，需要用洗涤剂或其他化学物质去除其中的脂肪和污垢。这些都可能导致环境问题。因此，在扔掉旧衣服之前，不妨试着将衣物进行简单的缝补和修复，或与家人、朋友、社区成员进行交换，或捐赠旧衣服给需要的人，使衣物得到再次利用。

蚕丝来自蚕茧。由莲花和竹子等植物的纤维制成的植物纤维可以作为蚕丝的"平替"。

麻省理工学院的工程师们开发了一种吸汗的聚乙烯纤维。这项技术还可以将回收的塑料袋制成运动服装的原料。

时尚行业对环境的影响很大，全球的纺织业贡献了 5%～10% 的二氧化碳排放量。

你知道吗　生产一条牛仔裤所需的棉花可能需要 10 000 L 以上的水才能种植出来！

建筑中的化学

建筑中使用的材料非常多样，包括水泥、砖块、沥青、金属、木材、涂料、玻璃和石膏等。这些材料被广泛应用于建造各种各样的建筑，包括桥梁、道路，甚至是摩天大楼。建筑中使用的化学品包括黏合剂、密封膏、涂料、绝缘材料、复合材料和混凝土外加剂等。

混凝土和水泥

我们在各处的建筑物中都能看到灰色的、石头状的混凝土。混凝土由碎石、水泥等物质配置而成。水泥是由石灰石等原料制成的，其中含有钙元素、硅元素、铝元素和铁元素等多种元素。当水与水泥混合时，形成糊状物，涂覆在混凝土骨料上，起到黏合剂的作用。新混合的混凝土可以被塑造成我们想要的形状，并在硬化后变得坚固耐用。此外，混凝土中还可以添加其他物质，如丁苯橡胶（SBR），来改善其性能。

道路铺装使用的材料是由骨料和一种名为沥青的黏合剂混合制成的。沥青是从原油中提取出的一种黏稠液体。

悉尼歌剧院是由钢筋混凝土建造的。

复合材料

复合材料是指将两种或两种以上的材料混合得到的比单一物质性能更好的物质。例如，与混凝土相比，钢筋混凝土的强度更大，柔韧性更好。纳米复合材料的尺寸以纳米（十亿分之一米）计量，单层石墨烯（一种纳米材料）仅有一层碳原子，厚度仅为 0.335 nm。由石墨烯和石灰制成的新型纳米复合涂料可以维持建筑内部的温度，节约能源。

？你知道吗 中国三峡大坝的建设使用了约 2 800 万立方米的混凝土，从工程项目启动到全线竣工，总共花费了约 11 年半的时间。

水性涂料中不含有害溶剂。为了使它变得更加环保，制造商正在努力减少其中对环境有害的其他成分的含量。

墙壁和天花板中的绝缘材料可以减少建筑物内部的热量流失，从而节约能源，并降低能源成本。

与传统的无机纤维和塑料泡沫相比，环保房屋倾向于使用环保材料，其中包括由木材和植物纤维素制成的绝缘材料。

溶剂型涂料含有由原油制成的溶剂，可能会释放挥发性有机物（VOCs），导致空气污染。

名人堂

埃德加·珀内尔·胡利

Edgar Purnell Hooley

1860—1942

铺路柏油是英国用于道路铺装的一种材料，该材料的名字源自约翰·麦克亚当（John McAdam），他是首位采用碎石铺设道路的工程师。后来，威尔士的一个名叫胡利的测量员注意到一个意外泄漏焦油的区域被倾倒废渣后，竟然固化成了平坦、无尘的表面。受此启发，胡利尝试向碎石中添加焦油来铺设地面，从而发明了一种能使道路更加平坦的新的铺设方法。

汽车中的化学

大多数汽车使用汽油或柴油作为燃料，这些燃料是从原油中提炼出来的，是不可再生的能源，也就是说它们最终会耗尽。此外，燃烧这些燃料会产生导致气候变化的二氧化碳和其他污染物。因此，科学家们正在开发清洁、可持续的替代燃料，如生物燃料、氢燃料等。

汽油在氧气中燃烧会产生二氧化碳和水，同时释放能量。有时，汽车中的汽油燃烧不完全，会产生碳和一氧化碳。

汽油

原油由多种烃（仅含碳和氢两种元素的有机物）分子组成。碳链较短的分子具有挥发性（沸点低），它们可以制成汽油。此外，石油精炼厂还可以利用催化剂对较长的分子进行"催化裂化"，从而生产更多的碳链较短的分子。原油中碳链较短的分子先通过分馏被分离出来，再与其他液体混合，制成适合汽车发动机燃烧的混合燃料。

相对汽油来说，柴油更不易挥发，分子的碳链更长，具有更高的能效，但燃烧时同样会产生二氧化碳、含硫化合物及其他污染物。

沃克是一位来自瑞士的生物化学家，她曾在伯尔尼大学学习并从事教学工作。她警告人们含铅汽油具有危险性，并谴责毒气和核武器的使用。

 你知道吗

随着电池技术的进步和电动汽车设计的提升，目前，很多电动汽车的续航里程已经达到 500 km 以上。

发动机气缸内的活塞向下移动，进气门打开，燃料和空气的混合物进入气缸。随后，进气门关闭，活塞向上移动，压缩混合气体。

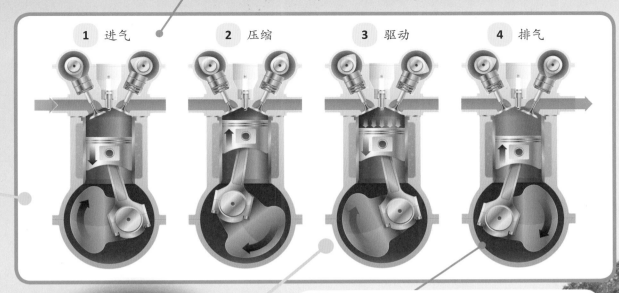

1 进气　　2 压缩　　3 驱动　　4 排气

火花塞产生电火花，并点燃压缩后的气体。加入比如 MMT 这样的"抗爆"添加剂可以防止燃料过早燃烧，进而抑制爆震，保护汽车的发动机。

高温高压的气体推动活塞向下运动，带动曲轴转动，这是一个将热能转化为机械能的过程。随后，排气门打开，活塞向上运动，燃烧后的气体和其他污染物通过排气管释放出去。

生物燃料和电动汽车

　　生物燃料是一种由有机废料和农作物（如大豆）转化而来的可再生能源。相对于传统燃料，生物燃料排放的污染物较少。然而，为了生产燃料而大规模种植作物会破坏种植庄稼的土地和雨林。另一方面，电动汽车使用锂离子电池驱动，但它们所充的电中仍有部分来自化石燃料燃烧产生的电。此外，电池回收技术也需要进一步的改进，以便更有效地回收电池中的金属，如锂、钴和镍等。

计算机软件可以控制 3D 打印机用熔化的塑料或金属制造汽车零部件。未来，3D 打印技术可能会使汽车变得更加轻便和环保。

119

家用能源中的化学

太阳能是家庭中常用的能源。此外，我们也会使用其他能源，例如地热能，即利用地下的热水和蒸汽来发电。另外，核能也是一种重要的能源，铀和钚等原子发生核裂变所释放的能量也可以用于发电。

太阳能

植物通过光合作用获取能量，而我们可以通过燃烧化石燃料或生物质（如木材或厨余垃圾）获得能量。此外，我们还可以通过风能、波浪能、潮汐能和太阳能来进行发电。这些能源各有优、缺点，没有一种能源是完美的。面对能源领域的挑战，全世界的科学家们都竭尽全力开发创新性技术以获得更优质、环保的能源。

英国剑桥的研究人员已经开发出一种超薄的人工叶子。它可以模仿植物的光合作用，高效地利用阳光和水来生成清洁燃料。这些灵活的装置未来有望被用于建造漂浮式的太阳能农场。

水力发电设施将水抽到上方的水库中，释放时，储存的水向下流，驱动涡轮机转动以产生电能。

不可再生和可再生能源

不可再生能源是指开发利用后在相当长的时间内不能够得到恢复或再生的能源。原油、天然气和煤炭等化石燃料的储量有限，一旦被耗尽，就无法再获取，它们都是不可再生能源。而可再生能源则是指在自然界中可以不断再生、取之不尽、用之不竭的非化石能源。另外，能在较长时间内被持续使用，不会被用尽的能源被称为可持续能源。目前，发电厂使用化石燃料、可再生能源和核能共同发电。随着社会向清洁和可持续能源逐步转型，我们每个人也可以以节约能源的方式来为这一转型做出贡献。

？ 你知道吗　据预测，如果各国政府和各界社会组织达成共识并推出相应政策，那么到 2050 年，我们所用的电能都可以由可再生能源产生。

布兰德是一位德国早期化学家,他一直渴望找到传说中的"贤者之石"。一些古代化学家认为"贤者之石"可以将廉价金属变成黄金。布兰德相信人类的尿液可能是炼金术的关键,于是收集了朋友的尿液来进行他的研究。最终,他并没有得到想要的结果,却阴差阳错地在尿液中发现了一种白色物质,由于这种物质可以在黑暗中发光,便命名为"phosphorus",意为"光的携带者",这种白色物质就是磷。就这样,布兰德成为历史上第一个发现元素的人。

海浪持续不断的运动能驱动涡轮机发电。这种能源是可再生的、清洁的且可靠的。然而,兴建水坝可能会对现有的生态系统造成损害。

阳光是取之不尽的。太阳能电池板中的光伏电池可以将光能转换为电能。在未来,随着技术的进步,我们甚至有可能将整个屋顶转化为巨大的太阳能电池板。

我们可以使用木材、作物和有机废料来发电。这些生物燃料和生物质都是可持续利用的能源,但是过度种植相关的生物可能会对生态系统或生产粮食的农田造成破坏。

风存在于大自然中,可以被不断获取并重复利用。风力机可以将风的动能转化为电能,然后注入国家电网供人们使用。

附录 I
名词解释

B

半导体
半导体是在特定条件下能够导电的材料。

病毒
病毒是一种微生物，它们在宿主的细胞内繁殖，通常会引发疾病。

C

材料
材料是指可以直接制作成成品的东西，或在制造等过程中消耗的东西。

D

单体
单体是能够通过化学反应形成聚合物的小分子。

导体
导体是导电能力强的物体。

电子
电子是原子中带负电的粒子。

DNA
DNA 即脱氧核糖核酸，一种存在于细胞中的携带生物体遗传信息的分子。

F

放射性
放射性是指某些元素的不稳定原子核自发地放出射线而衰变的性质。

分子
分子是保持物质化学性质的最小微粒。

G

光合作用
光合作用是植物利用光能将水和二氧化碳转化为有机物（葡萄糖等）的过程。

过滤
过滤是分离固体（通常为难溶性固体）和液体的操作方法。

H

合金
合金是指由两种或两种以上元素（其中至少有一种是金属）组成的具有金属特性的物质。

呼吸作用
呼吸作用是生物体利用葡萄糖等有机物进行化学反应，并释放能量的过程。

化合物
含有不同种元素的纯净物称为化合物。

化石燃料
最常见的化石燃料包括煤、石油和天然气。它们属于不可再生能源，化石燃料的燃烧会导致全球气候变化。

化学反应
化学反应就是参加反应的各物质的原子重新组合，并生成其他物质的过程。

化学键
相邻原子或离子之间存在的强烈的相互作用称为化学键。原子可通过共用电子（共价键）或得、失电子（离子键）来形成化学键。

化学式
化学式是用元素符号和数字组合表示物质组成的式子。

活泼性
活泼性用于衡量物质与其他物质反应的难易程度。

J

激素
激素对机体的代谢、生长、发育等起重要的调节作用。

碱
碱是一类化合物，其电离时所生成的阴离子全部为氢氧根离子。

晶体
晶体是由分子、原子或离子按照一定的规则排列而形成的具有特定几何形状的固体。

聚合物
聚合物是由许多重复的单体连接在一起形成的大分子化合物。

绝缘体
绝缘体是极难传导热量或电的物体。

K

可溶性
能够溶于溶剂的物质具有可溶性。

矿物
矿物通常具有确定的化学成分、

原子排列规则和性质。

L

离子
离子是由于失去或获得电子而带电的粒子。阳离子带正电，阴离子带负电。

炼金术士
炼金术士指一些早期的科学家，他们希望通过炼金术将一种物质转化为另一种物质，如将普通的金属转变为黄金等。

M

密度
密度等于物质的质量与它的体积之比。如果一个物质的体积很小，质量却很大，那么它的密度就很大。

N

纳米材料
纳米材料是粒子尺寸在 1～100 nm（0.000 1 mm）的材料。尺寸小于 100 nm 的颗粒被称为纳米颗粒。

P

pH
pH 用于比较溶液酸碱性的强弱。常温下，pH 为 7 的溶液是中性的；pH 小于 7 的溶液为酸性溶液；pH 大于 7 的溶液为碱性溶液。常温下，纯水的 pH 为 7。

R

溶解
溶解是指一种物质（溶质）均匀地分散在另一种物质（溶剂）中的过程。

溶液
两种或两种以上物质混合形成的均匀、稳定的分散体系叫作溶液。

S

酸
酸是一类化合物，其电离时所产生的阳离子全部都是氢离子。

T

碳水化合物
碳水化合物指包括蔗糖和淀粉在内的一类有机物。

同位素
质子数相同而中子数不同的同种元素的不同核素互称为同位素。

W

物质
独立存在于人的意识之外的客观实在。

物质状态
物质的状态取决于粒子的排列方式，主要包括固态、液态或气态。

Y

亚原子粒子
亚原子粒子是原子内部的粒子，包括电子、质子和中子等。

氧化反应
氧化反应是一种化学反应，一般反应物在反应中失去电子。

叶绿素
叶绿素是一种常见的绿色色素，它能够吸收光能，并将其转化为植物所需的化学能。

有机物
有机物指除一氧化碳、二氧化碳、碳酸及碳酸盐等少数简单含碳化合物以外的含碳化合物。生物体中有很多有机物。

元素

元素是同一类原子的总称。世间万物都是由元素组成的。

元素周期表
元素周期表是基于元素的原子序数（或质子数）将化学元素按照特定顺序排列的表格。

原子
原子是化学变化中的最小粒子。

原子核
原子核处于原子的中心部分。

原子序数
原子序数即元素在元素周期表中排列的序号，它在数值上与质子数相同。

Z

蒸馏
蒸馏能够有效分离液体混合物中不同沸点的液体。

质子
质子是原子核中的带正电的粒子。

中子
中子是原子核中的粒子。中子既不带正电荷也不带负电荷。

重力
由于地球的吸引而使物体受到的力叫作重力。

附录 II
本书与教材内容对照表

学科概念及知识点（本书内容）	化学教材		对应教材内容
第一章 物质的性质 物质的状态	人教版化学	九年级上册	第一单元 走进化学世界 课题 1 物质的变化和性质
粒子的特性	人教版化学	九年级上册	第三单元 物质构成的奥秘 课题 1 分子和原子
物态变化	人教版化学	九年级上册	第一单元 走进化学世界 课题 1 物质的变化和性质
混合物与溶液	人教版化学 人教版化学	九年级上册 九年级下册	第二单元 我们周围的空气 课题 1 空气 第九单元 溶液 课题 1 溶液的形成
扩散和布朗运动	人教版化学	九年级上册	第三单元 物质构成的奥秘 课题 1 分子和原子
从混合物中分离固体	人教版化学	九年级下册	第十一单元 盐 化肥 实验活动 8 粗盐中难溶性杂质的去除
液体混合物的分离	人教版化学	九年级上册	第四单元 自然界的水 课题 2 水的净化
常见材料的性质	人教版化学	九年级下册	第八单元 金属和金属材料 课题 1 金属材料 第十二单元 化学与生活 课题 3 有机合成材料
第二章 物质的构成与化学反应 原子	人教版化学	九年级上册	第三单元 物质构成的奥秘 课题 1 分子和原子
元素	人教版化学	九年级上册	第三单元 物质构成的奥秘 课题 3 元素
分子	人教版化学	九年级上册	第三单元 物质构成的奥秘 课题 1 分子和原子
化合物	人教版化学	九年级上册	第四单元 自然界的水 课题 4 化学式与化合价
共价键	人教版化学	高中化学必修一	第四章 物质结构 元素周期律 第三节 化学键
离子键	人教版化学	高中化学必修一	第四章 物质结构 元素周期律 第三节 化学键
化学反应	人教版化学	九年级上册	第五单元 化学方程式 课题 2 如何正确书写化学方程式

学科概念及知识点（本书内容）		化学教材	对应教材内容
第二章 物质的 构成与 化学反应	可逆反应与不可逆反应	人教版化学　高中化学必修二	第六章　化学反应与能量 第二节　化学反应的速率与限度
	放热反应与吸热反应	人教版化学　九年级上册	第七单元　燃料及其利用 课题2　燃料的合理利用与开发
	加快反应速率	人教版化学　高中化学必修二	第六章　化学反应与能量 第二节　化学反应的速率与限度
第三章 元素与 元素周 期表	元素周期表	人教版化学　九年级上册	第三单元　物质构成的奥秘 课题3　元素
	族	人教版化学　九年级上册	第三单元　物质构成的奥秘 课题3　元素
	氢元素	人教版化学　九年级上册	第四单元　自然界的水 课题3　水的组成
	碱土金属元素	人教版化学　高中化学必修一	第四章　物质结构　元素周期律 第一节　原子结构与元素周期表
	卤族元素	人教版化学　高中化学必修一	第四章　物质结构　元素周期律 第一节　原子结构与元素周期表
	稀有气体元素	人教版化学　九年级上册	第二单元　我们周围的空气 课题1　空气
	金属元素	人教版化学　九年级下册	第八单元　金属和金属材料 课题1　金属材料
	非金属与半金属元素	人教版化学　高中化学必修一	第四章　物质结构　元素周期律 第二节　元素周期律
	有机物与无机物	人教版化学　九年级下册	第十二单元　化学与生活 课题3　有机合成材料
	放射性元素	人教版化学　高中化学必修一	第四章　物质结构　元素周期律 第一节　原子结构与元素周期表
第四章 实验室中 的化学	化学侦探	人教版化学　九年级上册	第一单元　走进化学世界 课题2　化学是一门以实验为基础的科学
	色谱法	人教版化学　高中化学选择性必修3	第一章　有机化合物的结构特点与研究方法 第二节　研究有机化合物的一般方法
	晶体	人教版化学　九年级下册	第九单元　溶液 课题2　溶解度
	检测试剂	人教版化学　高中化学必修二	第七章　有机化合物 第四节　基本营养物质
	酸与碱	人教版化学　九年级下册	第十单元　酸和碱 课题1　常见的酸和碱 课题2　酸和碱的中和反应
	与酸相关的反应	人教版化学　九年级下册	第十单元　酸和碱 课题1　常见的酸和碱

学科概念及知识点 （本书内容）		化学教材	对应教材内容
第四章 实验室中 的化学	焰色试验	人教版化学　高中化学必修一	第二章　海水中的重要元素——钠和氯 第一节　钠及其化合物
	电化学	人教版化学　高中化学选择 性必修1	第四章　化学反应与电能 第二节　电解池
	洞察原子和分子	人教版化学　九年级上册	第三单元　物质构成的奥秘 课题1　分子和原子
第五章 自然界中 的化学	岩石与矿物	人教版化学　九年级下册	第八单元　金属和金属材料 课题3　金属资源的利用和保护
	了不起的水	人教版化学　九年级上册	第四单元　自然界的水 课题1　爱护水资源
	有创意的碳元素	人教版化学　九年级上册	第六单元　碳和碳的氧化物 课题3　二氧化碳和一氧化碳
	人类赖以生存的氧气	人教版化学　九年级上册	第二单元　我们周围的空气 课题2　氧气
	氮的固定	人教版化学　九年级上册	第二单元　我们周围的空气 课题1　空气
	至关重要的葡萄糖	人教版化学　九年级下册	第十二单元　化学与生活 课题1　人类重要的营养物质
	人体中的化学	人教版化学　九年级下册	第十二单元　化学与生活 课题1　人类重要的营养物质
第六章 生活中的 化学	食品中的化学	人教版化学　九年级下册	第十二单元　化学与生活 课题1　人类重要的营养物质
	清洁剂中的化学	人教版化学　高中化学选择性 必修3	第三章　烃的衍生物 第四节　羧酸　羧酸衍生物
	药物中的化学	人教版化学　九年级下册	第十二单元　化学与生活 课题2　化学元素与人体健康
	农业中的化学	人教版化学　九年级下册	第十一单元　盐　化肥 课题2　化学肥料
	教室中的化学	人教版化学　高中化学必修二	第七章　有机化合物 第二节　乙烯与有机高分子材料
	塑料中的化学	人教版化学　高中化学必修二	第七章　有机化合物 第二节　乙烯与有机高分子材料
	服饰中的化学	人教版化学　高中化学必修二	第七章　有机化合物 第二节　乙烯与有机高分子材料
	建筑中的化学	人教版化学　高中化学必修二	第七章　有机化合物 第二节　乙烯与有机高分子材料
	汽车中的化学	人教版化学　高中化学必修二	第八章　化学与可持续发展 第一节　自然资源的开发利用
	家用能源中的化学	人教版化学　九年级上册	第七单元　燃料及其利用 课题2　燃料的合理利用与开发